水污染控制工程实验

主　编　石顺存

副主编　李　军　邓仁健　令玉林

参　编　金　玲　周赛军　史红文

北京理工大学出版社
BEIJING INSTITUTE OF TECHNOLOGY PRESS

内容提要

本书是与水污染控制工程理论课程相配套的实验教材，也是水处理实验技术实践课程的重要组成部分。全书贯穿培养学生实践能力和创新能力这一主线，重点突出科学实验素质、实验技能及创新意识的培养。全书共分七章。第一章简要介绍了水污染控制工程实验的教学任务、基本要求及实验安全；第二章主要介绍了实验数据的分析处理；第三至七章对 18 个实验项目的背景、目的、基本原理、实验设备、实验步骤、数据记录与处理等进行了详细的介绍，且每个实验后面附有问题讨论。该书内容涵盖面广、实验可操作性强。尤其是一些实验项目紧密结合工程实际，实用性强，内容更具启发性和针对性。

本书可作为高等院校理工科环境工程、环境科学、给排水科学与工程、水质科学与技术、环保设备工程及环境生态工程等专业的实验教材，也可作为相关专业及其技术人员和其他有关人员的参考书。

图书在版编目（CIP）数据

水污染控制工程实验/石顺存主编．—北京：北京理工大学出版社，2020.10

ISBN 978 – 7 – 5682 – 9173 – 6

Ⅰ.①水…　Ⅱ.①石…　Ⅲ.①水污染 – 污染控制 – 实验 – 高等学校 – 教材

Ⅳ.①X520.6 – 33

中国版本图书馆 CIP 数据核字（2020）第 206248 号

出版发行 / 北京理工大学出版社有限责任公司

社　　址 / 北京市海淀区中关村南大街 5 号

邮　　编 / 100081

电　　话 / （010）68914775（总编室）

　　　　　（010）82562903（教材售后服务热线）

　　　　　（010）68948351（其他图书服务热线）

网　　址 / http：//www.bitpress.com.cn

经　　销 / 全国各地新华书店

印　　刷 / 天津久佳雅创印刷有限公司

开　　本 / 787 毫米 × 1092 毫米　1/16

印　　张 / 7.5　　　　　　　　　　　　　　　责任编辑 / 高　芳

字　　数 / 197 千字　　　　　　　　　　　　　文案编辑 / 赵　轩

版　　次 / 2020 年 10 月第 1 版　2020 年 10 月第 1 次印刷　　责任校对 / 刘亚男

定　　价 / 30.00 元　　　　　　　　　　　　　责任印制 / 李志强

　　水污染控制工程实验是水污染控制工程理论课程的配套实验教材，也是水处理实验技术实践课程的重要组成部分。通过实验不仅可以直观地验证废（污）水处理中的一些现象、规律及基本理论，加深对水污染控制工程基本原理的理解，而且可以掌握一般废（污）水处理实验技能和仪器设备的使用方法，培养设计实验方案、组织实验的能力，强化实验动手能力、操作管理及分析与解决实际问题的能力。为了更好地满足水污染控制工程实验及水处理实验技术课程教学的需要，我们组织编写了本书。

　　本书是在水污染控制工程实验讲义的基础上编写而成的。该讲义已经在湖南科技大学环境工程专业和给排水科学与工程专业使用了 10 多年，其间经过多次修改，在实验内容和实验的可操作性上得到了逐步的改进和完善，并得到学生认可。

　　本书的编写突出了两个特点：

　　1. 实验可操作性强

　　在实验操作上，对自由沉降、絮凝沉降、混凝、气浮、污泥比阻等这些同类教材中已有的实验项目，我们在实验方法上做了改进，解决了实验可操作性不强的问题。如自由沉降、絮凝沉降实验，按照其他教材的操作方法，步骤烦琐，且所得沉淀曲线及实验数据不能重复，我们通过摸索，采用自配黄泥水，由测定浓度改为测定浊度，使实验步骤大大简化且实验数据重现性较好，取得了较好的实验教学效果。对于污泥比阻实验，以往需要去污水处理厂取污泥作为实验污泥，这对实验的开展极为不便，我们通过改进，以田埂上的黑泥作为过滤污泥，所得污泥比阻的数据重现性较好，并解决了取样不便的问题。对于混凝和气浮实验实验，我们也做了相应的改进，如混凝实验，解决了投药量大、矾花小、不便判断矾花是否生成的问题；如气浮实验，解决了压力上不去、气浮效果差的问题。

　　2. 体现了解决工程实际问题的特色

　　在实验项目的挑选上，注重与工程实际相结合，精选了 Fenton 氧化、微滤—超滤、吸附、挂片腐蚀、臭氧氧化、升流式厌氧法等实验。实验内容与教师的科研项目相结合，实验内容和操作方法都是在教学和科研过程中逐步改进、不断总结出来的，体现了解决工程实际问题的特色，同时反映出当前水处理技术的发展趋向。

　　本书对自由沉降、絮凝沉降、过滤、臭氧法、Fenton 氧化、光催化氧化、混凝、气浮、吸附、微滤－超滤、挂片腐蚀、废水好氧及厌氧可生化性检验、活性污泥评价指标及其动力学参数测定、清水充氧、升流式厌氧法以及污泥比阻的测定等 18 个实验项目的背景、基本原理、实验设备、实验步骤、数据记录及处理等进行了详细的介绍，体现了环境工程专业解决实际问题的特色，具有实验内容精简、实验可操作性强的特点。

　　本书由湖南科技大学化学化工学院石顺存教授担任主编，全面负责本书的内容体系和编排结构。参与本书编写的人员还有湖南科技大学化学化工学院李军、金玲、史红文，湖南科技大学土木工程学院邓仁健、周赛军，遵义师范学院资源与环境学院令玉林等。

　　华南理工大学尹华教授、湘潭大学田凯勋教授、长沙理工大学夏畅斌教授对本书进行了审读并提出了宝贵的修改意见，在此对他们所给予的支持与热情帮助表示衷心的感谢！同时，暨南大学叶林顺教授，在百忙之中抽出宝贵时间为本书初稿修改批注，并提出了不少宝贵意见，在此表示感谢！

　　本书在编写过程中得到了湖南科技大学周智华教授、陈述博士、伍泽广博士、岳明老师和湘潭大学张艳姿老师的帮助和大力支持，并得到了"化工与材料"国家级实验教学示范中心建设项目（教高函 2016〔7〕）的资助，在此一并表示衷心感谢！

　　由于编者水平有限，书中错误和不妥之处在所难免，敬请读者批评指正。

编　者

目　录

第一章

绪 论

一、实验目的及任务

人类的各种活动和自然界的变化都无时不在对水体的水质产生着影响。水质变化的复杂性决定了水污染控制工程永恒的课题——不断加强实验研究，掌握污染物的迁移转化规律，改进处理设备的能力，以及不断开发新的处理技术。因此，在课堂教学的同时，必须加强实验教学。水污染控制工程实验的目的是通过实验操作、实验现象的观察和实验结果的分析，加深对基本概念和基本原理的理解，巩固课堂教学中学到的知识；学会常用实验仪器和设备的使用，培养学生的实际操作能力和解决实际问题的能力；初步掌握水污染控制工程实验的基本方法，掌握收集、分析、归纳实验数据的能力和方法。通过水污染控制工程实验的学习，能使学生更好地理解和管理实际水处理工艺流程，为培养学生的创新能力打下一定的基础。

二、实验教学基本要求

水污染控制工程实验教学包括实验准备、实验过程、实验数据整理及实验报告撰写等部分。

1. 实验准备

在实验准备阶段，要求学生做到以下几点：

（1）认真阅读实验教材中实验涉及的相关知识点，掌握实验的原理和方法。

（2）在教师的指导下准备并熟悉实验仪器、试剂及装置的性能、使用条件及方法。

（3）明确实验目的、步骤、内容和方法。

（4）准备好相关的试剂、药品及实验记录表格等。

（5）明确实验分工，做到责任明确，准确无误。

2. 实验过程

（1）实验开始前，指导教师应检查实验准备情况，使学生进一步明确实验目的、内容及要求。

（2）对特殊设备、仪器及其操作技术做详细讲解及示范。

（3）按实验步骤开始实验，观察实验现象，收集和记录实验数据。

（4）实验结束后，由指导老师审查记录，并按要求清洗设备和整理实验现场。

3．实验数据整理及实验报告撰写

（1）实验数据分析主要包括实验误差分析、有效数据的取舍、实验数据整理等，并依此判断实验结果的好坏，找出不足之处，提出完善实验的措施。

（2）实验报告是对实验的全面总结，要求条理清晰、语言简明、文字通顺、书写工整、图表完整、讨论分析有说服力、结论正确。

（3）实验报告应包含实验名称、实验目的、基本原理、实验步骤、实验数据、分析讨论和结论等。在分析讨论中，应运用所学知识对实验现象进行解释，对异常现象进行讨论，并提出改进思路和建议。

（4）实验报告由指导教师审阅并给出成绩，成绩不合格者须重新撰写实验报告，或补做实验。

三、实验纪律与安全

1．实验纪律

（1）严格遵守实验安全守则，严格按要求使用水、电、气、药品、试剂等，按要求操作实验设备和仪器，并开窗透气，以防意外事故的发生。

（2）学生必须穿实验服进入实验室，严禁在实验室穿拖鞋、背心、裙子、高跟鞋，不迟到，不早退。

（3）实验结束后清洗和整理好使用过的仪器、设备，将废液倒入废液桶，保持实验室的卫生，关电、水、气、门窗等。

（4）在实验过程中，科学规范操作，认真观察实验现象，做好实验记录。

2．实验安全

实验室的各项规章制度包括安全制度、操作制度、危险品的使用制度等，进入实验室的所有人员都必须严格遵守。学生在进入实验室前，应全面学习安全制度，掌握防火知识，掌握易燃、易爆、强氧化性物品的使用说明，要学会一般救护措施，一旦发生意外事故，要进行及时处理。实验室安全规则如下：

（1）实验室用电安全。实验室使用电器较多，特别要注意安全用电。电器装置与设备的金属外壳应与地线连接，如气浮实验装置、清水充氧实验装置以及臭氧发生器等，要求将主机接地接线柱与控制器接地接线柱分别用导线可靠接地，接地电阻应小于 10 Ω。使用前先检查其外壳，应不漏电，不要用湿的手、物接触电源，实验时，应先连接好电路后再接通电源。实验结束时，要先切断电源再拆线路。水、电、煤气、酒精灯一旦使用完毕，就立即关闭；遇停电、停水，也要马上关闭以防遗忘（使用冷凝管时容易忘记关冷却水阀门）；点燃的火柴用后立即熄灭，不得乱扔；如遇人触电，应切断电源后再进行处理，如遇电线着火，切勿用水或泡沫灭火器灭火，应立即切断电源，用砂或二氧化碳灭火器灭火。

（2）化学试剂安全常识及个人防护。

①为了防止误服化学药品而中毒，严禁在实验室内饮食、吸烟，将食具带进实验室，或以实验容器当水杯、餐具使用。在实验中，不要用手摸脸、眼睛等部位。实验完毕，必须洗净双手。

②绝对不允许随意混合各种化学药品，以免发生意外事故。

③实验中涉及易燃易爆气体，要注意开门窗，保持室内空气流通。严禁明火或敲击、开关电器（产生火花）。尤其是做升流式厌氧法实验时，由于装置无三相分离器，应保证通风良好。某些强氧化剂，如过氧化氢（H_2O_2）等，使用时要特别注意。高浓度过氧化氢有强烈的腐蚀性，使用时应注意佩戴手套，避免直接接触皮肤。应避免过氧化氢与某些无机药剂接触，例如汞的氧化物与 H_2O_2 反应，会发生猛烈爆炸。臭氧对普通橡胶制品、金属制品有腐蚀作用，因此，凡与其接触的容器、管道、扩散器均要采用不锈钢、陶瓷、聚氯乙烯塑料等耐腐蚀材料或做防腐处理。废水用臭氧法处理后，在排出的尾气中往往含有微量的臭氧，可以利用自然通风或强制通风，将尾气排放至安全地点。

④一些有机溶剂（如乙醚、乙醇、丙酮、苯等）极易引燃，使用时必须远离明火、热源，不能将其放在广口容器（如烧杯）内用明火、电炉加热，应水浴加热，使用完毕应立即盖紧瓶塞。易燃溶剂使用完毕后应倒入回收瓶，不得倒入废液缸或广口容器，防止蒸气挥发起火及损失。蒸馏易燃溶剂的接收器支管应通至水槽或室外。热油浴加热时切勿使水溅入油中，以免油外溅造成烫伤或溅到热源上起火。蒸馏的冷凝水要保持通畅，若冷凝管忘记通水，大量水蒸气溢出，也易造成火灾。

⑤注意保护眼睛，必要时戴防护镜，防止眼睛受刺激性气体的熏染，更要防止化学药品等异物进入眼内。稀释酸、碱（特别是浓硫酸）时，应将它们慢慢倒入水中，而不能反向进行，以免迸溅。加热试管时，切记不要使试管口向着自己或别人。

⑥不要俯向容器去嗅放出的气味，面部应远离容器，用手将逸出容器的气体慢慢地扇向自己的鼻孔。有毒气体（如 H_2S、HF、CO、NO_2、SO_2、Br_2、$NH_3 \cdot H_2O$ 等）的实验，必须在通风橱内进行。

⑦有毒药品（如重铬酸钾、钡盐、铅盐、砷的化合物、汞的化合物，特别是氰化物）不得进入口内或接触伤口。剩余的废液也不能随便倒入下水道，而应倒入废液缸或指导教师指定的容器里。有些有毒物质会渗入皮肤，因此，使用时必须戴橡胶手套，操作后应立即洗手。不要将碳酸钠（或碳酸钾）、碳酸氢钠（或碳酸氢钾）与酸一起倒在废液缸内，以免产生大量泡沫而使缸内废液溢出废液缸，污染实验室地面。

⑧金属汞易挥发，并通过呼吸道进入人体，逐渐积累会引起慢性中毒，所以，做金属汞的实验时应特别小心，不得将金属汞洒落在桌上或地上，一旦洒落，必须尽可能收集起来，并用硫黄粉盖在洒落的地方，使金属汞转变成不挥发的硫化汞。

（3）气体钢瓶使用注意事项。

①钢瓶使用时应装减压阀和压力表。可燃性气瓶（如 H_2、C_2H_2）气门螺栓为反丝；不燃性或助燃性气瓶（如 N_2、O_2）为正丝。各种压力表一般不可混用。

②开启总阀门时，不要将头或身体正对总阀门，防止气体从阀门或压力表中冲出伤人。

③钢瓶停止使用时，先关闭总阀门，待减压阀中余气逸尽后，再关闭减压阀。检查减压阀是否关紧，方法是逆时针旋转调压手柄直至螺杆松动为止。

④钢瓶应存放在阴凉、干燥、远离热源的地方。氧气瓶应与可燃性气瓶分开存放。

⑤不要让油或易燃有机物沾染气瓶（特别是气瓶出口和压力表上）。

⑥不可把气瓶内气体用光，以防重新充气时发生危险。

⑦使用中的气瓶每三年应检查一次，装腐蚀性气体的钢瓶每两年检查一次，不合格的气瓶不可继续使用。

⑧氢气瓶应放在远离实验室的专用小屋内，用紫铜管引入实验室，并安装防止回火的装置。

第二章

实验数据的分析处理

一、误差的基本概念

受人们认知能力和科学技术水平的限制，样品的测试结果与真值之间总是存在差异，这种差异叫作误差。任何测试结果都具有误差，误差存在于分析测试的全过程。

1. 真值与平均值

在实验过程中要做各种测试工作，由于仪器、测试方法、环境温度、人的观察力等都不可能做到完美无缺，因此我们无法测得真值（真实值）。如果对同一样品进行无限多次测试，然后基于正负误差出现概率相等的假设，可以求得各测试值的平均值，此值为接近真值的数值。一般来说，测试的次数总是有限的，用有限的测试次数求得的平均值，只能是真值的近似值。

常用的平均值有算术平均值、均方根平均值、加权平均值、中位值（或中位数）、几何平均值。计算平均值方法的选择主要取决于一组观测值的分布类型。

（1）算术平均值。算术平均值是最常用的一种平均值。当观测值呈正态分布时，算术平均值最近似真值。其计算方法见式（2-1）。

$$\bar{x} = \frac{x_1 + x_2 + \cdots + x_n}{n} = \frac{1}{n}\sum_{i=1}^{n} x_i \qquad (2-1)$$

式中　x_i——各次观测值，$i = 1, 2, \cdots, n$；

$\quad\quad n$——观测次数。

（2）均方根平均值。均方根平均值应用较少，其计算方式见式（2-2）。

$$\bar{x} = \sqrt{\frac{x_1^2 + x_2^2 + \cdots + x_n^2}{n}} = \sqrt{\frac{\sum_{i=1}^{n} x_i^2}{n}} \qquad (2-2)$$

式中各符号意义同前。

（3）加权平均值。若对同一事物用不同方法去测定，或者由不同的人去测定，计算平均值时，常用加权平均值。其计算方法见式（2-3）。

$$\bar{x} = \frac{w_1x_1 + w_2x_2 + \cdots + w_nx_n}{w_1 + w_2 + \cdots + w_n} = \frac{\sum\limits_{i=1}^{n} w_ix_i}{\sum\limits_{i=1}^{n} w_i} \tag{2-3}$$

式中　x_i——各次观测值；

　　　w_i——与各观测值相应的权数，$i = 1$，2，$\cdots$，n；

　　　n——观测次数。

各观测值的权数可以是观测值的重复次数，观测者在总数中所占的比例，或者根据经验确定。

（4）中位值。中位值是指一组观测值按大小次序排列的中间值。若观测次数是偶数，则中位值为正中两个值的平均值。中位值的最大优点是求法简单。只有当观测值的分布呈正态分布时，中位值才能代表一组观测值的中心趋向，近似真值。

（5）几何平均值。如果一组观测值是非正态分布，当对这组数据取对数后，所得图形的分布曲线更对称时，常用几何平均值。几何平均值是一组观测值连乘并开 n 次方求得的值。其计算方法见式（2-4）。

$$\bar{x} = \sqrt[n]{x_1 \cdot x_2 \cdots x_n} \tag{2-4}$$

也可用对数表示，其计算方法见式（2-5）。

$$\log\bar{x} = \frac{1}{n}\sum_{i=1}^{n}\log x_i \tag{2-5}$$

式中　x_i——各次观测值，$i = 1$，2，$\cdots$，n；

　　　n——观测次数。

2. 误差的分类

根据误差的性质及发生的原因，误差可分为系统误差、随机误差、过失误差三种。

（1）系统误差。系统误差又称作可测误差，是指在多次测定同一量时，某测定值与真值之间的误差的绝对值，可以修正或消除。

系统误差的来源包括以下几方面：

①仪器误差：这是由于仪器本身的缺陷或没有按规定条件使用仪器而造成的。

②理论误差（方法误差）：这是由于测量所依据的理论公式本身的近似性，或实验条件不能达到理论公式所规定的要求，或者是实验方法本身不完善所产生的。

③个人误差：这是由于观测者个人感官和运动器官的反应或习惯不同而产生的。它因人而异，并与观测者当时的精神状态有关。系统误差有些是定值的，如仪器的零点不准，有些是积累性的，如用受热膨胀的钢质米尺测量时，读数就小于其真实长度。

需要注意的是，系统误差总是使测量结果偏向一边，或者偏大，或者偏小，因此，多次测量求平均值并不能消除系统误差。

（2）随机误差。随机误差又称偶然误差，是由测定过程中各种随机因素共同作用造成的。在实际测试条件下，多次测定同一量时，误差的绝对值和符号的变化时大时小、时正时负，但服从正态分布。随机误差是由许多不可控制或未加控制因素的微小波动引起的，如环境温度变化、电源电压微小波动、仪器噪声变化、分析人员判别能力和熟练操作水平的差异等，它可以减小，但不能消除。减小随机误差的方法是增加测定次数。

（3）过失误差。过失误差又称错误，是由于操作人员工作粗枝大叶、过度操劳或操作不正确等因素引起的，也是一种与事实明显不符的误差。过失误差是可以避免的。

3. 误差的表示方法

误差可以用绝对误差与相对误差来表示。

（1）绝对误差。对某一指标进行测试后，测定值与其真值之间的差值称为绝对误差。其计算方法见式（2-6）。

$$绝对误差 = 测定值 - 真值 \tag{2-6}$$

绝对误差用以反映测定值偏离真值的大小，其单位与测定值相同。

（2）相对误差。绝对误差与真值的比值称为相对误差。其计算方法见式（2-7）。

$$相对误差 = \frac{绝对误差}{真值} \times 100\% \tag{2-7}$$

二、准确度与精密度

当在某一条件下进行多次实验，其误差为 δ_1、δ_2、$\cdots$、δ_n。因为单个误差可大可小、可正可负，无法表示该条件下的测试精密度，因此，常用绝对偏差与相对偏差、算术平均偏差与相对平均偏差、标准偏差与相对标准偏差、极差来表示。

1. 绝对偏差与相对偏差

（1）绝对偏差。对某一指标进行多次测试后，某一观测值与多次观测值的均值之差，称为绝对偏差。其计算方法见式（2-8）。

$$d_i = x_i - \bar{x} \tag{2-8}$$

式中　d_i——绝对偏差；

　　　x_i——观测值；

　　　$\bar{x}$——全部观测值的平均值。

（2）相对偏差。绝对偏差与平均值的比值称为相对偏差，常用百分数表示。其计算方法见式（2-9）。

$$相对偏差 = \frac{d_i}{x} \times 100\% \tag{2-9}$$

2. 算术平均偏差与相对平均偏差

（1）算术平均偏差。观测值与平均值之差的绝对值的平均值称为算术平均偏差。其计算方法见式（2-10）。

$$\bar{d} = \frac{\sum_{i=1}^{n} | x_i - \bar{x} |}{n} = \frac{\sum_{i=1}^{n} | d_i |}{n} \tag{2-10}$$

式中　$\bar{d}$——算术平均偏差；

n——观测次数。

（2）相对平均偏差。算术平均偏差与平均值的比值称为相对平均偏差。其计算方法见式（2-11）。

$$相对平均偏差 = \frac{\overline{d}}{\overline{x}} \times 100\% \tag{2-11}$$

3. 标准偏差与相对标准偏差

（1）标准偏差（均方根偏差、均方偏差、标准差）。各观测值与平均值之差的平方和的算术平均值的平方根称为标准偏差，其单位与实验数据相同。其计算方法见式（2-12）。

$$s = \sqrt{\frac{\sum\limits_{i=1}^{n}(x_i - \overline{x})^2}{n}} \tag{2-12}$$

式中 s——标准偏差。

在有限观测次数中，标准偏差计算方法见式（2-13）。

$$s = \sqrt{\frac{\sum\limits_{i=1}^{n}(x_i - \overline{x})^2}{n-1}} \tag{2-13}$$

由式（2-13）可以看出，观测值越接近平均值，标准偏差越小；观测值与平均值相差越大，则标准偏差越大。

（2）相对标准偏差。相对标准偏差（RSD）又称变异系数（CV），是样本的标准偏差与平均值的比值。其计算方法见式（2-14）。

$$RSD(CV) = \frac{s}{\overline{x}} \times 100\% \tag{2-14}$$

4. 极差

极差是指一组观测值中的最大值与最小值之差，是用以描述实验数据分散程度的一种特征参数。其计算方法见式（2-15）。

$$R = x_{\max} - x_{\min} \tag{2-15}$$

式中 R——极差；

$x_{\max}$——观测值中的最大值；

$x_{\min}$——观测值中的最小值。

三、可疑观测值的取舍

在整理分析实验数据时，有时会发现个别观测值与其他观测值相差很大，通常称其为可疑值。可疑值可能是由偶然误差造成的，也可能是由系统误差引起的，如果保留这样的数据，可能会影响平均值的可靠性。如果将属于偶然误差范围内的数据任意弃去，可能暂时可以得到精密度较高的结果，但它是不科学的，因为以后在同样条件下再实验时，超出该精度的数据还会出现。因此，在整理数据时，如何正确地进行可疑值的取舍是很重要的。可疑值的取舍，实质上是区别离群较远的数据究竟是偶然误差还是系统误差造成的，因此，应该按照统计检验的步骤进行处理。

用于一组观测值中离群数据的检验方法有 Q 检验法、肖维涅准则、3σ 法则、格鲁布斯检测法等。

（1）Q 检验法。当测定次数为 3～10 次的测量中出现可疑值时，可按下列 Q 检验法处理。其步骤如下：

① 将数据按递增的顺序排列，即 x_1、x_2、$\cdots$、x_n。

② 求出最大值与最小值的极差，即 $x_n - x_1$。

③ 求出可疑数据（假定为 x_i）与其邻值的差，即 $x_{i+1} - x_i$。

④ 用可疑数据与其邻值之差除以极差得到舍弃商值 Q，即 $Q = (x_{i+1} - x_i) / (x_n - x_1)$。$Q$ 值越大，说明可疑数据 x_i 离群远。

⑤ 根据测定次数 n 和要求的置信度 P，查 Q 值表（表 2-1），如果计算所得的 Q 值大于或等于表中的 Q 值，则该可疑数据应舍弃。

表 2-1　Q 值表

测量次数 n		3	4	5	6	7	8	9	10
置信度 P	90%	0.94	0.76	0.64	0.56	0.51	0.47	0.44	0.41
	96%	0.98	0.85	0.73	0.64	0.59	0.54	0.51	0.48
	99%	0.99	0.93	0.82	0.74	0.68	0.63	0.60	0.57

（2）肖维涅准则。本方法是借助肖维涅数据取舍标准表来决定可疑值的取舍。其方法如下：

① 计算标准误差 d 和 n 个数据的平均值 $\bar{x}$；

② 根据观测次数 n 查表 2-2 得系数 K；

③ 计算极限误差 K_d，$K_d = Kd$；

④ 用 $x_i - \bar{x}$ 与 K_d 进行比较：若 $x_i - \bar{x} > K_d$，则 x_i 弃去；反之则保留。

表 2-2　肖维涅数值取舍标准

n	K	n	K	n	K	n	K	n	K	n	K
4	1.53	7	1.79	10	1.96	13	2.07	16	2.16	19	2.22
5	1.68	8	1.86	11	2.00	14	2.10	17	2.18	20	2.24
6	1.73	9	1.92	12	2.04	15	2.13	18	2.20		

（3）3σ 法则。实验数据的总体是正态分布（一般实验数据多为此分布）时，先计算数列标准误差 σ，求其极限误差 $K = 3\sigma$，则测量数据落于 $\bar{x} \pm 3\sigma$ 范围内的可能性为 99.7%。在测量次数不多的实验中落于 $\bar{x} \pm 3\sigma$ 范围外（只有 0.3% 出现可能性）的数据一般是不易出现的，若出现了，则可认为是由于某种错误造成的。因此，当可疑数据的绝对误差超过极限误差 3σ 时应舍弃；反之则保留。

理论检出限的确定：零点处自变量测定 5 次（异常数据除外），求出标准误差 σ 与 3σ 相对应的自变量作为检出限。

（4）格鲁布斯检测法。采用格鲁布斯检测法判断可疑数据时，要将样品的平均值 $\bar{x}$ 和实验标准偏差 s 引入计算式，$\bar{x}$ 和 s 是正态分布中两个最重要的样本参数，利用所有的测量数据作为判断依据，因此，判断的准确性要比 Q 检验好，但缺点是计算量较大。当 $|X_p - \bar{X}| > G \cdot s$ 时舍弃。G 值表参见表2-3。

表2-3　G值表

测量次数 n (No. of measurements)	显著性水平 α (Significance level)			测量次数 n (No. of measurements)	显著性水平 α (Significance level)		
	$\alpha=0.05$	$A=0.025$	$A=0.01$		$\alpha=0.05$	$A=0.025$	$A=0.01$
3	1.15	1.15	1.15	10	2.18	2.29	2.41
4	1.46	1.48	1.49	11	2.23	2.36	2.48
5	1.67	1.71	1.75	12	2.29	2.41	2.55
6	1.82	1.89	1.94	13	2.33	2.46	2.61
7	1.94	2.02	2.10	14	2.37	2.51	2.63
8	2.03	2.13	2.22	15	2.41	2.55	2.71
9	2.11	2.21	2.32	16	2.56	2.71	2.88

四、实验数据处理

实验中获得的许多数据需要处理后才能表示最终结果。对实验数据进行记录、整理、计算、分析、拟合等，从中获得实验结果和寻找各变量变化规律或经验公式的过程就是数据处理。其是实验的一个重要组成部分，也是实验课的基本训练内容。常用的实验数据表示方法有列表法、作图法、图解法、最小二乘法等。

1. 列表法

列表法就是将一组实验数据中各变量依据一定的形式和顺序列成表格。列表法可以简单明确地表示出各变量之间的对应关系，便于分析和发现规律，也有助于检查和发现实验中的问题。设计记录表格时要做到以下几点：

（1）表格设计要合理，以利于记录、检查、运算和分析。

（2）表格中涉及的各变量，其符号、单位及量值的数量级均要表示清楚，但不要将单位写在数字后。

（3）表中数据要正确反映测量结果的有效数字和不确定度。列入表中的除原始数据外，计算过程中的一些中间结果和最后结果也可以列入表中。

（4）表格要加上必要的说明。实验室所给的数据或查得的单项数据应列在表格的上部，说明写在表格的下部。

2. 作图法

在作出各变量之间的关系表格后，为了使实验结果更直观、更清楚，通常还需要作出各变量之间的依从关系图。图形表示法的优点在于形式简明直观，便于比较，易显出数据中的最大值或最小值、转折点或周期性变化等，是一种最常用的数据处理方法。当图形作得足够准确时，可以不必知道变量之间的数学关系，对变量求微分或积分后可以得到需要的结果。

作图法的基本规则如下：

（1）根据变量之间的关系及要表达的图线形式选择适当的坐标（如直角坐标、对数坐标等），在坐标轴上注明标度单位和刻度值。

（2）坐标的原点不一定是变量的零点，可根据测试范围加以选择。纵横坐标比例要恰当，以使图线居中。

（3）根据测量数据，将各变量一一对应的数据点准确地绘制在相应的位置。一张图纸上画上几条实验曲线时，每条图线应用不同的标记如"＋""×""·""Δ"等符号标出，以免混淆。连线时，要顾及数据点，使曲线呈光滑曲线（含直线），并使数据点均匀分布在曲线（直线）的两侧，且尽量贴近曲线。个别偏离过大的点要重新审核，属过失误差的应剔去。

（4）标明图名，即作好实验图线后，应在图纸下方或空白的明显位置处，写上图的名称并说明实验条件等，使读者一目了然。

（5）将图纸贴在实验报告的适当位置，便于指导教师批阅实验报告。

3. 图解法

在实验中，实验图线作出以后，可以由图线求出经验公式。图解法就是根据实验数据作好的图线，用解析法找出相应的函数形式。实验中经常遇到的图线是直线、抛物线、双曲线、指数曲线、对数曲线。特别是当图线是直线时，采用此方法更为方便。

（1）由实验图线建立经验公式的一般步骤如下：

①根据解析几何知识判断图线的类型；

②由图线的类型判断公式的可能特点；

③利用半对数、对数或倒数坐标纸，将原曲线改为直线；

④确定常数，建立起经验公式的形式，并用实验数据来检验所得公式的准确程度。

（2）用直线图解法求直线的方程。如果作出的实验图线是一条直线，则经验公式的直线方程见式（2-16）。

$$y = kx + b \tag{2-16}$$

要建立此方程，必须由实验直接求出 k 和 b，可采用斜率截距法。

在图线上选取两点 P_1（x_1，y_1）和 P_2（x_2，y_2），注意不得使用原始数据点，而应从图线上直接读取，其坐标值最好是整数值。所取的两点在实验范围内应尽量彼此分开一些，以减小误差。由解析几何可知，在上述直线方程中，k 为直线的斜率，b 为直线的截距，k 可以根据两点的坐标由式（2-17）求出。

$$k = \frac{y_2 - y_1}{x_2 - x_1} \tag{2-17}$$

其截距 b 为 $x=0$ 时的 y 值；若原实验中所绘制的图形并未给出 $x=0$ 段直线，可以将直线用虚线延长交于 y 轴，量出截距。如果起点不为零，也可以由式（2-18）求出截距。

$$b = \frac{x_2 y_1 - x_1 y_2}{x_2 - x_1} \tag{2-18}$$

将斜率和截距的数值，代入方程就可以得到经验公式。

（3）曲线改直、曲线方程的建立。在许多情况下，函数关系是非线性的，但可以通过适当的坐标变换成线性关系，在作图法中用直线表示，这种方法叫作曲线改直。做这样的变换不仅是由于直线容易描绘，更重要的是直线的斜率和截距所包含的物理内涵是所需要的。例如：

①$y = ax^b$，式中a、b为常量，可变换成$\log y = b\log x + \log a$，$\log y$为$\log x$的线性函数，斜率为$b$，截距为$\log a$。

②$y = ab^x$，式中a、b为常量，可变换成$\log y = (\log b) x + \log a$，$\log y$为$x$的线性函数，斜率为$\log b$，截距为$\log a$。

③$PV = C$，式中C为常量，要变换成$P = C(1/V)$，P是$1/V$的线性函数，斜率为C。

④$y^2 = 2px$，式中p为常量，$y = \pm\sqrt{2p}x^{1/2}$，y是$x^{1/2}$的线性函数，斜率为$\pm\sqrt{2p}$。

⑤$y = x/(a + bx)$，式中a、b为常量，可变换成$1/y = a(1/x) + b$，$1/y$为$1/x$的线性函数，斜率为a，截距为b。

⑥$s = v_0 t + at^2/2$，式中v_0、a为常量，可变换成$s/t = (a/2)t + v_0$，s/t为t的线性函数，斜率为$a/2$，截距为v_0。

4. 最小二乘法

作图法虽然在数据处理中是一个很便利的方法，但在图线的绘制上往往会引入附加误差，尤其在根据图线确定常数时，这种误差有时很明显。为了克服这一缺点，在数理统计中研究了直线拟合问题（或称一元线性回归问题），常用一种以最小二乘法为基础的实验数据处理方法。由于某些曲线的函数可以通过数学变换改写为直线，例如对函数$y = ae^{-bx}$取对数得$\ln y = \ln a - bx$，$\ln y$与x的函数关系就变成直线型了。因此，这一方法也适用于某些曲线型的规律。

下面对数据处理问题中的最小二乘法原则进行简单介绍。

设某一实验中，可控制的变量取x_1、x_2、$\cdots$、x_n值时，对应的量依次取y_1、y_2、$\cdots$、y_n值。假定对x_i值的观测误差很小，而主要误差都出现在y_i的观测上。显然如果从(x_i, y_i)中任取两组实验数据就可得出一条直线，只不过这条直线的误差有可能很大。直线拟合的任务就是用数学分析的方法从这些观测到的数据中求出一个误差最小的最佳经验式$y = a + bx$。按这一最佳经验式作出的图线虽然不一定能通过每一个实验点，但是它以最接近这些实验点的方式平滑地穿过它们。很明显，对应于每一个x_i值，观测值y_i和最佳经验式的y值之间存在一偏差δ_{yi}，称其为观测值y_i的偏差，即计算公式见式（2-19）。

$$\delta_{y_i} = y_i - y = y_i - (a + bx_i) \quad (i = 1,2,3,\cdots,n) \tag{2-19}$$

最小二乘法的原理：各观测值y_i的误差互相独立且服从同一正态分布，当y_i的偏差的平方和为最小时，得到最佳经验式。根据这一原则可求出常数a和b。

设以S表示δ_{y_i}的平方和，应满足式（2-20）：

$$S = \sum (\delta_{yi})^2_{\min} = [y_i - (a + bx_i)]^2_{\min} \tag{2-20}$$

式（2-20）中的各y_i和x_i是测量值，都是已知量，而a和b是待求的，因此，S实际上是a和b的函数。令S对a和b的偏导数为零，即可由式（2-21）解出满足式（2-20）的a、b值。

$$\frac{\partial S}{\partial a} = -2\sum (y_i - a - bx_i) = 0, \quad \frac{\partial S}{\partial b} = -2\sum (y_i - a - bx_i)x_i = 0$$

即

$$\sum y_i - na - b\sum x_i = 0, \quad \sum x_iy_i - a\sum x_i - b\sum x_i^2 = 0$$

其解为

$$a = \frac{\sum x_iy_i\sum x_i - \sum y_i\sum x_i^2}{\left(\sum x_i\right)^2 - n\sum x_i^2}, \quad b = \frac{\sum x_i\sum y_i - n\sum x_iy_i}{\left(\sum x_i\right)^2 - n\sum x_i^2} \tag{2-21}$$

将得出的 a 和 b 代入直线方程，即得到最佳经验式 $y = a + bx$。

上面介绍了采用最小二乘法求经验公式中的常数 a 和 b 的方法，它是一种直线拟合法。其在科学实验中运用很广泛，特别是有了数据分析软件后，这种方法应用非常方便。采用这种方法得到的常数值 a 和 b 是"最佳的"，但并不是没有误差，它们的误差估算比较复杂。一般来说，一列测量值的 δ_{yi} 大（实验点对直线的偏离大），那么由这列数据求出的 a、b 值的误差也大，由此定出的经验式可靠程度就低；如果一列测量值的 δ_{yi} 小（实验点对直线的偏离小），那么由这列数据求出的 a、b 值的误差就小，由此定出的经验式可靠程度就高。直线拟合中的误差估计问题比较复杂，可参阅其他资料，本书不做介绍。

为了检查实验数据的函数关系与得到的拟合直线符合的程度，数学上引进了线性相关系数 r 来进行判断。r 定义为式（2-22）：

$$r = \frac{\sum \Delta x_i\Delta y_i}{\sqrt{\sum (\Delta x_i)^2 \cdot \sum (\Delta y_i)^2}} \tag{2-22}$$

式中，$\Delta x_i = x_i - \bar{x}$，$\Delta y_i = y_i - \bar{y}$。$r$ 的取值范围为 $-1 \leq r \leq 1$。从相关系数的这一特性可以判断实验数据是否符合线性。如果 r 很接近 1，则各实验点均在一条直线上。普通实验中 r 如达到 0.99，就表示实验数据的线性关系良好，各实验点聚集在一条直线附近；相反，相关系数 $|r| < 0.80$ 时，说明实验数据比较分散，线性关系较差。用直线拟合法处理数据时要计算相关系数，常用数据分析软件如 Origin 等，具有直接计算 r 及 a、b 的功能，使用非常方便。

5. Origin 在数据处理中的应用

现在利用数据分析软件可以方便地进行数据拟合，求出回归方程和回归曲线等，因此，利用计算机进行数据处理与分析是科技工作者必备的基本技能。在众多的数据处理和科学绘图软件中，Origin 是最为常用的软件工具之一。

Microcal Origin 是美国 Microcal 公司推出的 Windows 平台下用于数据分析、科学绘图的软件。其功能强大，使用方便，是各国科技工作者常用的数据分析软件。Origin 采用直观的窗口菜单和操作工具栏、所见即所得的绘图方式，全面支持鼠标右键操作，支持拖放式图形转换，最主要的数据处理和绘图操作无须用户编写任何程序代码。

Origin 像 Microsoft Word、Excel 等一样，是一个多文档界面（Multiple Document Interface，MDI）应用程序。其将用户所有工作都保存在后缀为"＊.OPJ"的项目文件（Project）中，这一点与 Visual Basic 等软件很类似。该文件可以包含多个子窗口，保存项目文件时，各子窗口也随之保存，另外，各子窗口也可以单独保存（File/Save Window），以便其他项目文件调用。

Origin 主要有数据分析和科学绘图两大功能。其中，数据分析包括数据的排序、调整计算、统计、频谱变换、曲线拟合等多种数据分析功能。将准备好的数据进行分析时，只需要选择拟分析的数据，再选择相关的菜单命令即可。用 Origin 绘图时，只需要借助软件提供的几十种二维（2D）或三维（3D）绘图模板，再单击相关的工具栏此项按钮即可。

一个项目文件可以包括多个子窗口，也可以是工作表窗口（Worksheet）、绘图窗口（Graph）、函数图窗口（Function Graph）、矩阵窗口（Matrix）、版面设计窗口（Layout Page）等。一个项目文件中各窗口相互关联，可以实现数据实时更新，即如果工作表中的数据被改动之后，其变化能立即反映到其他各窗口，例如绘图窗口中所绘制的数据点可以立即得到更新。

Origin 启动或建立一个新的项目文件时，默认设置是打开一个 Worksheet 窗口，可以在该工作表窗口中直接输入数据，也可以从外部文件导入数据。Origin 可以识别多种数据文件格式，如文本型（ASCII）、Excel（XLS）、Dbase（DBF）等，甚至可以导入一个声音文件（.WAV），Origin 可以分析这个声音文件并绘制出其声波的波形图。

当数据输入工作表后，可以先对输入的数据进行调整，也可以只给出某段数据。Origin 内置了一些函数，可以在文本框中输入某个函数表达式，Origin 将计算该表达式并将值填入该列中。

Origin 可以对两组数据进行简单的数学计算，包括加、减、乘、除、乘方等，另外，还可以对数据进行平滑、积分、微分、平移等操作，也可以进行其他各种方式的拟合。

Origin 基本的数据分析功能包括各项统计参数，如平均值（Mean）、标准偏差（Standard Deviation，SD）、标准误差（Standard Error，SE）、总和（Sum）及数据组数 N。其可以对数据进行 T 检验，判断所选数据在给定置信度下是否存在显著性差异，还可以对数据排序（Sort）、快速傅立叶变换（Fast Fourier Fransform，FFT）、多重回归（Multiple Regression）等。

Origin 有强大的绘图功能。Origin 可以制作各种图形，包括直线图、描点图、向量图、柱状图、饼图、区域图、极坐标图及各种 3D 图表、统计用图表，还可以分别进行线性拟合、多项式拟合、S 形曲线拟合等。Origin 能够给出拟合参数，如回归系数、直线的斜率、截距等。Origin 还提供绘制多层图功能，可以产生双 X 轴、双 Y 轴图形。

Origin 软件的数据处理和数据分析功能非常强大，本章只对 Origin 软件功能做了简单介绍，如读者需要深入学习，请参考 Origin 软件应用的相关书籍。

第三章

水污染控制物理处理法实验

实验一　自由沉降

沉淀（或沉降）几乎是任何城市污水及工业废水处理均要用到的一种单元操作方法。由于废水中含有悬浮物，在处理过程中，首先要经过沉淀预处理，而在初次沉淀池中，首先发生的就是自由沉降。在实际应用中，可采用沉降实验来观察悬浮颗粒的总体沉淀情况，以判断其沉淀性能并获得有实际使用价值的设计参数。通过自由沉降实验，可以获得截留速度即理论表面水力负荷的设计参数，从而为沉淀池设计提供依据。

一、实验目的

（1）加深对自由沉降的特点、基本概念和沉降规律的认识。

（2）掌握颗粒自由沉降实验的方法，学会绘制沉降曲线，即 p—u 关系曲线，学会选定 u_0，计算 η，以此提供沉淀池的设计参数。

二、实验原理

沉淀是水处理中去除悬浮物的基本方法。当悬浮物的重力超过作用于它们的浮力和黏滞力时，这些悬浮物就沉淀下来。根据悬浮物的浓度和性质，沉淀通常可分为四类：一是自由沉降，在沉淀过程中，颗粒互不干扰，并且其大小、形状和密度均保持不变；二是絮凝沉降，絮凝性颗粒在沉淀过程中互相碰撞、絮凝，结合成更大的颗粒，颗粒粒径逐渐增大，因此，其粒径和沉降速度随浓度而发生变化；三是成层沉降，凝聚后的悬浮物形成网毯状沉淀，成层沉降，而且在沉淀过程中显示出一个明显的泥水界面；四是压缩沉降，当悬浮物浓度极高，颗粒之间距离很小，形成互相接触、互相支承，污泥在上层颗粒的重力作用下，迫使下层颗粒的间隙水被挤压出来，从而使下层颗粒层被浓缩压密。一般来说，自由沉降描述了砂砾等的沉降，固体颗粒在沉砂池及初沉池的初期沉降就属于自由沉降；絮凝沉降描述了一般的化学混凝沉淀池和生物处理后二次沉淀池的初期沉降，而成层沉降描述了污泥浓缩池的上部和二次沉淀池下部的沉降，压缩沉降则描述了贮泥斗及污泥浓缩池下部的沉降形式。

本实验主要研究自由沉淀的规律。

颗粒自由沉降实验是研究浓度较稀时的单颗粒沉降规律，是非絮凝性或弱絮凝性的固体颗粒在稀悬浮液中的沉降。其实验装置是理想沉淀池的模拟装置，自由沉降颗粒的沉速在层流区符合 Stokes（斯托克斯）公式。但由于水中颗粒的复杂性，颗粒粒径、颗粒比重很难或无法准确测定，因而，沉淀效果、特性无法通过 Stokes 公式求得，而是通过静置沉淀实验确定。

在含有分散颗粒的废水的静置沉淀过程中，设实验筒（图 3-1）内有效水深为 h，则在 t 时间内沉到 h 深度的颗粒，其沉淀速度 $u = h/t$。设计要求的悬浮颗粒 SS 去除率，对应于沉降曲线上的沉降速度称为颗粒的截留速度 u_0，具有 u_0 速度的颗粒由水面沉降到池底所需的沉淀时间 t_0，叫作设计沉淀时间。凡是沉速 $u \geqslant u_0$ 的颗粒在 t_0 时可全部去除；而沉速 $u < u_0$ 的颗粒，只要在水面下适当的位置，其沉至池底所用的时间小于或等于 t_0 也能从水中被去除，被去除比例为 u/u_0。若以 p_0 表示沉速小于 u_0 颗粒所占的质量百分数，于是在悬浮颗粒总量中，完全去除的颗粒比率为 $(1 - p_0)$，部分去除的颗粒（$u < u_0$ 的各种颗粒）比率表示为式（3-1），总去除率按式（3-2）计算：

$$\int_0^{p_0} \frac{u}{u_0} \mathrm{d}p \tag{3-1}$$

则总去除率为

$$\eta = (1 - p_0) + \frac{1}{u_0} \int_0^{p_0} u \mathrm{d}p \tag{3-2}$$

式（3-2）中末项为图 3-2 中阴影部分的面积，常用图解积分法确定。

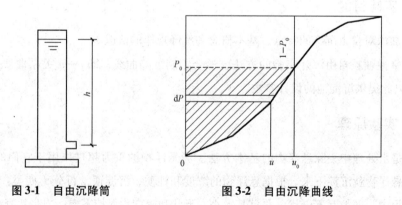

图 3-1　自由沉降筒　　　　　　　　　　图 3-2　自由沉降曲线

三、实验器材及实验准备

（1）沉淀筒（有机玻璃管），内径 ϕ100 mm，高 $h = 2\,000$ mm；

（2）配水及投配系统，如图 3-3 所示；

（3）水位标尺、游标卡尺、计时秒表、取样瓶；

（4）电子天平（或浊度仪）等；

（5）水样：人工配制滑石粉、高岭土、硅藻土等废水；或高炉煤气洗涤废水，也可以采用黄泥水（浊度法），按悬浮物浓度 0.3 ~ 0.5 g/L 人工配制。

四、实验流程

实验流程如图 3-3 所示。其中，泵 1、泵 2 为离心式污水泵，根据情况，可采用同一台泵。

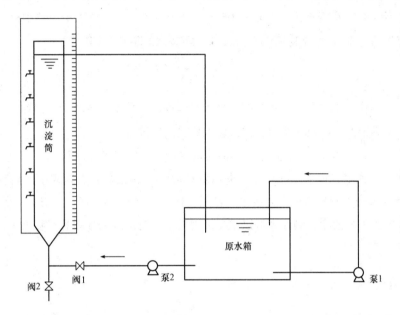

图 3-3　颗粒自由沉淀实验装置

五、实验步骤

（1）在原水箱中配制相应浓度的废水，用泵循环搅拌 5 min 左右，使水样中悬浮物分布均匀。

（2）启动泵 2，关阀 2，开阀 1，同时启动循环泵 1，向沉淀筒中输水（向沉淀筒中进水时，速度要适中，既要较快完成进水，以防止一些较重颗粒沉淀，又要防止速度过快造成筒内水体紊动。若进水流速较小，应考虑在沉淀筒内设置搅拌装置），同时从取样管（或原水箱）中取原水样 2 次，每次取样约 100 mL，按水样悬浮物浓度分析方法测定水样浓度，其平均浓度即 C_0。

（3）当水样上升到溢流口并溢出后，关阀 1，停泵 1 及泵 2，开始计时。

（4）观察水静置沉淀现象。

（5）取样：目前趋向于采用中点取样法，这是因为随着沉淀时间的延长，沉淀筒内的悬浮固体浓度势必形成上稀下浓的线性不均匀分布态势，而我们要测定的是沉淀筒内整个水层的残留 SS 浓度，用 $h/2$ 处的 SS 浓度代表沉淀筒内的 SS 平均浓度，能减小采用底部取样带来的沉淀效率的负偏差。选取时间为 2 min、5 min、10 min、20 min、40 min、60 min，每个取样时间在

同一个取样口取样 V 约 50 mL。取样前，记录筒中水面至柱底距离 h_i，以 cm 计。每个取样口取样时，先排出取样管中的积水约 10 mL，再取样。

（6）测定各水样悬浮物浓度。分析器材包括分析天平、玻璃漏斗、滤纸、表面皿。

其步骤如下：

①取定量滤纸在玻璃干燥器中干燥至恒重，称重编号，记为 W_1。

②剧烈摇晃水样并过滤，使悬浮物全部过滤到滤纸。

③将过滤后的滤纸及残渣在 103 ℃ ~ 105 ℃烘干（至少 2 h）放入干燥器中冷却至恒重，称量滤纸及残渣的质量 W_2。悬浮物浓度 C（mg/L）可按式（3-3）计算。

$$C = \frac{(W_2 - W_1) \times 10^6}{V} \tag{3-3}$$

为顺利进行实验，要求学生熟悉分析天平的操作方法，称重时要小心、快速，同时注意考虑空白校正，以免烘干的样品及滤纸再吸水，影响称重的准确性。

（7）实验完毕，开阀 2，放掉污水，然后用清水冲洗沉淀筒及原水箱。

（8）若采用黄泥水，可采用浊度法。取适量黄泥，碾碎过筛，去掉其中的砂砾，按悬浮物浓度 0.3 ~ 0.5 g/L 配制模拟自由沉降废水，参照上述步骤（1）~（7）［省去步骤（6）］进行实验，将测浓度改为测浊度，测浊度可以避免采用质量法时出现的残留悬浮物太少，而可能出现负偏差的情况。

六、实验记录

颗粒自由沉降实验数据见表 3-1。

表 3-1　颗粒自由沉降实验数据

实验日期　　　　　　　　　水样　　　　　　　　水温　　　　　　　沉淀筒 ϕ

沉淀时间 t_i/min	0	2	5	10	20	40	60
工作水深 h_i/cm							
定量滤纸质量 W_1/g							
滤纸 + 残渣的质量 W_2/g							
取样口悬浮物浓度 C_i/（mg·L^{-1}）							
SS 剩余百分数 P_i（C_i/C_0）							
颗粒沉速 u_i							
备注：采用浊度法时，只需记录不同沉淀时间下的工作水深和取样口水样浊度（代替取样口悬浮物浓度）。相应地，SS 剩余百分数用剩余浊度百分数代替。							

七、实验结果整理

（1）表 3-1 中不同沉淀时间 t_i 时，颗粒沉速 $u_i = \dfrac{h_i}{t_i}$，$P_i = C_i/C_0$。

（2）作出 p—u 曲线，并选定某点 u_0，计算 η。

八、问题讨论

（1）实际沉淀由于水流、污泥、温度和其他因素的影响，其沉淀效果与实验值有一定的差距，因此用实验值进行设计时，必须进行修正。试分析实验沉淀装置与实际沉淀池的异同。

（2）自由沉降实验也可用 4 根沉淀筒来完成。将 4 根沉淀筒内注入等量的悬浮液，以后每隔一段时间每次从一根沉淀筒内取样，保证每次取样时的沉淀水深相同。试将两种不同实验方式（单根沉淀筒与 4 根沉淀筒）所作的沉淀曲线做一比较。

实验二　絮凝沉降

城市污水或工业废水生化处理后二次沉淀池中活性污泥的沉淀，以及很多工业废水处理中用到的混凝沉淀等都会出现絮凝沉降现象。在絮凝沉降过程中，由于颗粒会发生相互碰撞、凝聚变大，颗粒的沉降轨迹呈曲线，实际沉速很难用理论公式计算，只能通过实验确定。为了做好絮凝沉降设施的设计，很有必要通过实验掌握絮凝沉降的规律，学会通过实验来获取絮凝沉淀池的设计参数。

一、实验目的

（1）加深对絮凝沉降的特点、基本概念和沉降规律的认识。

（2）掌握颗粒絮凝沉降实验的方法，学会绘制沉降曲线，即 h—t 关系曲线，学会选择 t 计算 η，以此提供絮凝沉淀池的设计参数。

二、实验原理

絮凝沉降实验研究悬浮物浓度 SS 一般在 1 000 mg/L 以下的絮状颗粒沉淀规律。在絮凝沉降过程中，絮体相互碰撞凝聚，使颗粒尺寸变大，其沉速随水深而增加。因此，絮凝性颗粒静置沉淀的去除率，不仅与沉速有关，而且与水深有关。因此，沉淀筒的水深应与沉淀池水深相同。一般使用的沉淀筒内径为 $\phi80 \sim 100$ mm，高度为 1 500 ~ 2 000 mm。沉淀筒的不同深度设有多个取样口（一般设 5 个）。在选定的不同时间，自不同深度取出水样，测定颗粒浓度。在横坐标为沉淀时间、纵坐标为深度的 h—t 图上，绘制出等浓度（等去除率）曲线，如图 3-4 所示。据此可采用与分散颗粒相似的近似方法确定实验浓度的沉淀筒中悬浮物的总去除率计算式（3-4）。

$$y = y^* + \frac{h_1}{H_5}(y_1 - y^*) + \frac{h_2}{H_5}(y_2 - y_1) + \cdots +$$
$$\frac{h_{n-1}}{H_5}(y_{n-1} - y_{n-2}) + \frac{h_n}{H_5}(y_n - y_{n-1}) \tag{3-4}$$

式中　y^*——对应时间 t^* 的去除率；

y_1、y_2、$\cdots$、y_n——高于 y^* 的后续去除率；

H_5——沉淀筒总有效水深；

h_n——由水面向下测量的高度。

时刻 t^* 通常选在等去除率线与横轴的交点处。

三、实验器材及实验准备

（1）沉淀筒（有机玻璃管）内径 $\phi100$ mm，高 $h = 2\,000$ mm。

（2）配水及投配系统如图 3-3 所示。

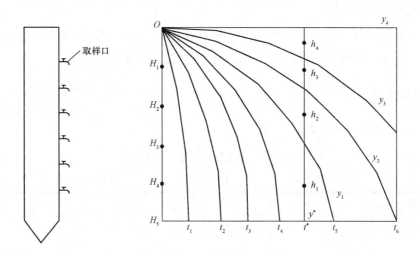

图3-4　絮凝沉淀等去除率曲线

（3）水位标尺、游标卡尺、计时秒表、取样瓶。

（4）电子天平等。

（5）10%的$Al_2(SO_4)_3 \cdot 18H_2O$溶液500 mL一瓶，1‰聚丙烯酰胺（PAM）溶液500 mL一瓶。

（6）水样：可用城市污水处理厂曝气池污水；亦可采用人工配制滑石粉废水：1 L水中含10%的$Al_2(SO_4)_3 \cdot 18H_2O$ 2 mL，1‰聚丙烯酰胺（PAM）1 mL，pH值6~7，滑石粉0.6~0.7 g；或采用1~3 g/L的黄泥水，人工配制模拟絮凝沉降废水。

四、实验流程

实验流程如图3-3所示。

五、实验步骤

以黄泥水为例，其实验步骤说明如下：

（1）取适量黄泥，碾碎过筛，去掉其中的砂砾，按悬浮物浓度为1~3 g/L在原水箱中配制模拟絮凝沉降废水，用泵循环搅拌5 min左右，使水样中悬浮物分布均匀。

（2）启动泵2，关阀2，开阀1，同时启动循环泵1，向沉淀筒中输水（向沉淀筒进水时，速度要适中，既要完成较快进水，以防止一些较重颗粒沉淀，又要防止速度过快造成筒内水体紊动。若进水流速较小，应考虑在沉淀筒内设置搅拌装置），同时从中间取样口（或原水箱中）取原水样2次，每次取样约100 mL，其平均浓度即C_0。

（3）当水样上升到溢流口并溢出后，关阀1，停泵1及泵2，开始计时。

（4）观察水静置沉淀现象。

（5）取样：选取时间为5、10、20、40、60（min），每个取样时间同时从每个取样口取样50 mL。取样前，记录筒中水面至取样口距离h，以cm计。取样时，先排出取样管中的积水约 10 mL，再取样。

（6）将水样用玻璃棒搅拌均匀测量浊度。浊度测量方法按浊度仪使用说明书进行。

（7）实验完毕，开阀 2，放掉污水，然后用清水冲洗沉淀筒及原水筒。

六、实验记录

将实验原始数据记入表 3-2 中。

表 3-2　颗粒絮凝沉降实验数据

实验日期		水样		水温		沉淀筒 ϕ		H
沉淀时间/min		0	5	10	20	40	60	
工作水深/cm								
各取样口水样 浊度 NTU	1							
	2							
	3							
	4							
各取样口浊度 去除率 $E/\%$	1							
	2							
	3							
	4							

七、实验结果整理

（1）作出 $E—t$ 曲线、$h—t$ 曲线，推荐等去除率曲线作图法：

①计算不同时间不同深度处的表观去除率 E，作出每一取样口的 $E—t$ 曲线；

②给定一组去除率（一般间隔为 10%），从 $E—t$ 曲线上找出各深度对应的沉淀时间 t；

③在 $h—t$ 图上作出等去除率曲线。

（2）根据 $h—t$ 曲线，选择一个沉淀时间 t，计算总去除率。

八、问题讨论

（1）观察絮凝沉降现象与自由沉降现象有何不同，实验方法有何区别。

（2）在实际工程中，哪些沉降属于絮凝沉降？

实验三　过滤全流程实验

过滤是利用有孔隙的滤料层截留水中杂质从而使水得到澄清的工艺过程，是一种固液分离的单元操作。无论是在给水处理主流程处理、工业循环水处理中的旁滤流程处理、工业废水的深度处理还是中水回用，都要用到过滤。常用的过滤方式有砂滤、硅藻土涂膜过滤、金属丝编织物过滤，还有近几年发展较快的纤维过滤等。过滤不仅可以去除水中细小的悬浮颗粒，而且细菌、病毒及有机物也会随浊度的降低而被去除，也是给水处理的基础实验之一，被广泛地用于科研、教学、生产。本实验以天然河砂为滤料，通过过滤全流程实验让学生对整个过滤流程，包括过滤、冲洗、反冲洗的工艺流程有一个全面了解，并学会选择滤料。实验包括滤料筛分及孔隙率测定、滤池过滤及滤池反冲洗三部分。

一、滤料筛分及孔隙率测定实验

（一）实验目的

（1）测定天然河砂的颗粒级配。

（2）绘制筛分级配曲线，求 d_{10}、d_{80}、K_{80}。

（3）按设计要求对上述河砂进行再筛选。

（4）求定滤料孔隙率。

（二）滤料筛分实验

1. 实验原理

滤料级配是指将不同大小粒径的滤料按一定比例加以组合，以取得良好的过滤效果。滤料是带棱角的颗粒，其粒径是指将滤料颗粒包围在内的球体直径（这是一个假想直径）。

在生产中简单的筛分方法是用一套不同孔径的筛子筛分滤料试样，选取合适的粒径级配。我国现行规范是以筛孔直径为 0.5 mm 及 1.2 mm 两种规格的筛子过筛，取其中段。这虽然简便易行，但不能反映滤料粒径的均匀程度，因此，还应考虑级配情况。

能反映级配状况的指标是通过筛分级配曲线求得的有效粒径 d_{10} 及 d_{80} 和不均匀系数 K_{80}。d_{10} 是表示通过滤料质量10%的筛孔孔径，它反映滤料中细颗粒尺寸，即产生水头损失的"有效"部分尺寸；d_{80} 是指通过滤料质量80%的筛孔孔径，它反映粗颗粒尺寸；K_{80} 为 d_{80} 与 d_{10} 之比，即 $K_{80} = d_{80}/d_{10}$。K_{80} 越大表示粗细颗粒尺寸相差越大，滤料粒径越不均匀，这样的滤料对过滤及反冲均不利。尤其是反冲时，为了满足滤料粗颗粒的膨胀要求就会使细颗粒因过大的反冲强度而被冲走；反之，若为满足细颗粒不被冲走的要求而减小反冲强度，粗颗粒可能因冲不起来而得不到充分清洗。因此，滤料需要经过筛分级配。

2. 实验设备

（1）圆孔筛一套，直径为 0.18 ~ 2 mm，筛孔尺寸见表3-3；

（2）托盘天平，称量为 500 g，感量为 0.1 g；

（3）烘箱；

（4）振动摇筛机，如没有，则采用人工手摇；

（5）浅盘和刷（软、硬）；

（6）1 000 mL 量筒。

3. 实验步骤

（1）取样。取天然河砂500 g，取样时要先将取样部位的表层铲去，然后取样。将取得的砂样洗净后于 105 ℃ 恒温箱中烘干，冷却至室温备用。

（2）称取冷却后的砂样100 g，选用一组筛子过筛。筛子按筛孔由大到小的顺序排列，砂样放在最上面的一只筛（2 mm 筛）中。

（3）将该组套筛装入摇筛机，摇筛约5 min，然后将套筛取出，再按筛孔由大到小顺序在洁净的浅盘上逐个进行手筛（至每分钟的筛出量不超过试样总量的0.1%时为止），筛出的砂颗粒并入下一筛号一起过筛。这样，依次进行直至各筛号全部筛完。若无摇筛机，可直接用手筛。

（4）称量在各个筛上的筛余试样的质量（精确至0.1 g）。所有各筛余质量与底盘中剩余试样质量之和与筛分前的试样总质量相比，其差值不应超过1%。

将上述所求得的各项数值填入表3-3中。

表3-3　筛分记录表

筛号	筛孔孔径/mm	筛上的砂量		透过筛的砂量	
		质量/g	%	质量/g	%
10	2.00				
12	1.70				
14	1.40				
16	1.18				
20	0.85				
35	0.50				
60	0.25				
80	0.18				

4. 实验结果整理

（1）分别计算留在各号筛上的筛余百分率，即各号筛上的筛余量除以试样总质量的百分率（精确至0.1%）。

（2）计算通过各号筛的砂量百分率。

（3）根据表3-3中的数值，以通过筛孔的砂量百分率为纵坐标，以筛孔孔径为横坐标，绘制滤料筛分级配曲线，如图3-5所示。由图中所绘制筛分曲线上可求得 d_{10}、d_{80}、K_{80}。如求得的不均匀系数 K_{80} 大于设计要求，则需要根据设计要求筛选滤料。

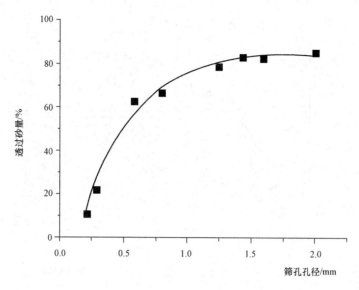

图 3-5　滤料筛分级配曲线

（4）滤料的再筛选。滤料的再筛选根据在筛分级配曲线上作图求得的数值进行，设计要求 $d_{10} = 0.60$ mm，$K_{80} = 1.80$ 时，则 $d_{80} = 1.80 \times 0.60 = 1.08$（mm），按此要求筛选。方法如下：

①自横坐标 0.60 mm 和 1.08 mm 两点各作一垂线与筛分曲线相交，自两交点作与横坐标相平行的两条线与右边纵坐标轴线相交于上、下两点，如图 3-6 所示。

②以上面之点作为新的 d_{80}，以下面之点作为新的 d_{10}，重新建立新坐标。

③找出新坐标原点和 100% 点，由此两点向左方作平行于横坐标的直线，并与筛分曲线相交，在此两条平行线内所夹即是所选滤料，其余全部筛除，如图 3-7 所示。

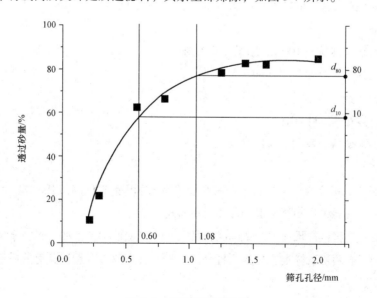

图 3-6　滤料再筛分曲线

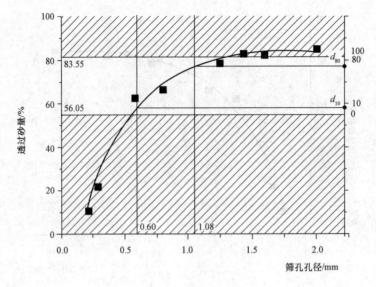

图 3-7 滤料再筛分结果

（三）孔隙率测定

1. 实验原理

滤料孔隙率大小与滤料颗粒的形状、均匀程度及级配等有关。均匀的或形状不规则的颗粒孔隙率大，反之则小。对于石英砂滤料，要求孔隙率为 42% 左右。孔隙率太大影响出水水质；孔隙率太小则影响滤速及过滤周期。

孔隙率为滤料体积中孔隙体积所占的百分数。孔隙体积等于自然状态体积减去滤料绝对密实体积。孔隙率的测定要先借助比重瓶测出密度，然后经过计算，求出孔隙率。

2. 实验设备

（1）托盘天平，称量为 100 g，感量为 0.1 g；

（2）李氏比重瓶，容量为 250 mL；

（3）烘箱；

（4）烧杯，容量为 500 mL；

（5）浅盘、干燥器、料勺、温度计等。

3. 实验步骤

（1）试样制备。将试样在潮湿状态下用四分法缩至 120 g 左右，在 105 ℃ ±5 ℃ 的烘箱中烘干至恒重，并在干燥器中冷却至室温，分成两份备用。

所谓四分法，是将试样堆成厚为 2 cm 的圆饼，用木尺在圆饼上划一十字分为四份，去掉不相邻的两份，剩下的两份试样混合重拌，再分。重复上述步骤，直至缩分后的质量略大于实验所要求的质量为止。

（2）向比重瓶中注入冷开水至一定刻度，擦干瓶颈内部附着水，记录水的体积（V_1）。

（3）称取烘干试样 50 g（m_0）徐徐装入盛水的比重瓶中，直至试样全部装入为止。瓶中水不宜太多，以免装入试样后溢出。

（4）用瓶内水将黏附在瓶颈及瓶内壁上的试样全部洗入水中，摇转比重瓶以排除气泡。静置 24 h 后记录瓶中水面升高后的体积（V_2）。至少测两个试样，取其平均值，记入表 3-4 中。

表 3-4　用比重瓶测滤料密度记录表

体积	试样			
	Ⅰ	Ⅱ	Ⅲ	平均值
V_1				
V_2				

4. 实验结果整理

（1）滤料密度 ρ，按式（3-5）计算。

$$\rho = \frac{m_0}{V_2 - V_1}　\text{(3-5)}$$

式中　m_0——称取的烘干试样质量（g）；

　　　V_1——水的原有体积（cm^3）；

　　　V_2——投入试样后水和试样的体积（cm^3）。

（2）孔隙率。将测定密度之后的滤料放入过滤柱，用清水过滤一段时间，然后测量滤料层体积，并按式（3-6）求出滤料孔隙率（ε）：

$$\varepsilon = 1 - \frac{m}{\rho V}　\text{(3-6)}$$

式中　m——烘干后滤料的质量（g）；

　　　V——滤料层体积（cm^3）；

　　　ρ——滤料密度（g/cm^3）。

5. 注意事项

（1）四分法时试样不能太湿。

（2）比重瓶中冷开水应适量。

6. 思考题

（1）为什么 d_{10} 称为"有效粒径"？K_{80} 过大或过小各有何利弊？

（2）我国用 d_{min}、d_{max} 衡量滤料，与用 d_{10}、d_{80} 相比，有什么优点、缺点？

（3）孔隙率的大小对过滤有什么影响？

二、滤池过滤实验

1. 实验目的

（1）熟悉普通快滤池过滤、冲洗的工作过程。

（2）加深对滤速、冲洗强度、滤层膨胀率、初滤水浊度的变化、冲洗强度与滤层膨胀率关系，以及滤速与清洁滤层水头损失关系的理解。

2. 实验原理

快滤池滤料层能截留粒径远比滤料孔隙小的水中杂质，主要通过接触絮凝作用，其次是筛滤作用和沉淀作用。要想过滤出水水质好，除滤料组成须符合要求外，沉淀前或过滤前加混凝剂也是必不可少的。

当过滤的水头损失达到最大允许水头损失时，滤池需进行冲洗。少数情况下，虽然水头损失未达到最大允许值，但如果滤池出水浊度超过规定，也需要进行冲洗。冲洗强度需要满足底部滤层恰好膨胀的要求。根据运行经验，冲洗排水浊度降至 10～20 NTU 以下可停止冲洗。

快滤池冲洗停止时，池中水杂质较多且未投药，故初滤水浊度较高。滤池运行一段时间（5～10 min 或更长）后，出水浊度开始符合要求。时间长短与原水浊度、出水浊度要求、药剂投量、滤速、水温及冲洗情况有关。如初滤水历时短，初滤水浊度比要求的出水浊度高不了多少，或者说初滤水对滤池过滤周期出水平均浊度影响不大时，初滤水可以不排除。

清洁滤层水头损失计算公式采用卡曼—康采尼（Carman-Kozony）公式（3-7）计算。

$$h = 180 \frac{v}{g} \frac{(1 - \varepsilon_0)^2}{\varepsilon_0^3} \left(\frac{1}{\varphi \cdot d_0} \right)^2 l_0 v \tag{3-7}$$

式中　h——水流通过清洁滤层水头损失（cm）；

　　　　v——水的运动黏度（cm^2/s）；

　　　　g——重力加速度（cm/s^2）；

　　　　ε_0——滤料孔隙率；

　　　　d_0——滤料颗粒的当量粒径（cm）；

　　　　l_0——滤层厚度（cm）；

　　　　v——滤速（cm/s）；

　　　　φ——滤料颗粒球度系数；天然砂滤料一般采用 0.75～0.80。

当滤速不高，清洁滤层中水流属层流时，水头损失与滤速成正比，即两者呈直线关系。为了保证滤池出水水质，常规过滤的滤池进水浊度不宜超过 10～15 NTU。本实验采用投加混凝剂直接过滤，进水浊度可以高达几十至 100 NTU 以上。因原水加药较少，混合后不经反应直接进入滤池，形成的矾花粒径小，密度大，不易穿透，故允许进水浊度较高。

3. 实验设备

（1）过滤及反冲洗实验装置 1 套，如图 3-8 所示；

（2）低量程浊度仪 1 台；

（3）200 mL 烧杯 2 个、20 mL 量筒 1 个；

（4）秒表 1 块；

（5）2 m 钢卷尺 1 个、温度计 1 个。

4. 实验步骤

（1）将滤料进行一次冲洗，冲洗强度逐渐加大到 12～15 L/（m^2·s），冲洗几分钟，以便去除滤层内的气泡。

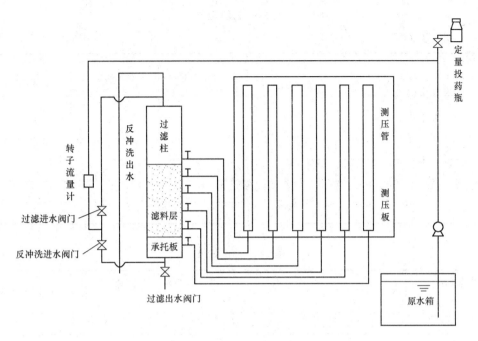

图 3-8　过滤及反冲洗实验装置

（2）冲洗完毕，开初滤水排水阀门，降低柱内水位。将滤柱有关数据记入表 3-5 中。

（3）调定量投药瓶投药量，使滤速为 8 m/h 时投药量符合要求，开始投药。

（4）通入浑水，开始过滤，滤速为 8 m/h。开始过滤后的 1 min、3 min、5 min、10 min、20 min 及 30 min 测出水浊度，同时测进水浊度和水温。

（5）调定量投药瓶投药量，使滤速 16 m/h 时投药量仍符合要求。

（6）加大滤速至 16 m/h，加大滤速后的 10 min、20 min、30 min 测出出水浊度，同时测进水浊度。

（7）将步骤（3）、（4）、（5）、（6）有关数据记入表 3-6 中。

（8）提前结束过滤，用设计规范规定的冲洗强度、冲洗时间进行冲洗，观察整个滤层是否均已膨胀。冲洗将结束时，取冲洗排水测浊度，同时测冲洗水温，将有关数据记入表 3-7 中。

（9）做冲洗强度与滤层膨胀率关系实验。测不同冲洗强度［3 L/（m² · s）、6 L/（m² · s）、9 L/（m² · s）、12 L/（m² · s）、14 L/（m² · s）、16 L/（m² · s）］时的滤层膨胀后厚度，停止冲洗，测滤层厚度，将有关数据记入表 3-8 中。

表 3-5　滤柱有关数据

滤柱内径/ mm	滤料名称	滤粒粒径/cm	滤料厚度/cm

表 3-6 过滤记录

混凝剂：   原水水温/℃

滤速/ (m·h⁻¹)	流量/ (L·h⁻¹)	投药量 / (mg·L⁻¹)	过滤历时/min	进水浊度	出水浊度

表 3-7 冲洗记录

冲洗强度 / [L·(m²·s)⁻¹]	冲洗流量/ (L·h⁻¹)	冲洗时间/min	冲洗水温/℃	滤层膨胀情况

表 3-8 冲洗结束时冲洗排水浊度、冲洗强度与滤层膨胀率关系

冲洗强度 / [L·(m²·s)⁻¹]	冲洗流量/ (L·h⁻¹)	滤层厚度/cm	滤层膨胀后厚度/cm	滤层膨胀率/%

（10）做滤速与清洁滤层水头损失关系实验。通入清水，测不同滤速（4 m/h、6 m/h、8 m/h、10 m/h、12 m/h、14 m/h、16 m/h）时滤层顶部的测压管水位和滤层底部附近的测压管水位，测水温。将有关数据记入表 3-9 中。停止冲洗，结束实验。

表 3-9 滤速与清洁滤层水头损失的关系   水温/℃

滤速/ (m·h⁻¹)	流量/ (L·h⁻¹)	清洁滤层顶部 的测压管水位/cm	清洁滤层底部的 测压管水位/cm	清洁滤层的 水头损失/cm

5. 实验结果整理

(1) 根据表 3-6 中的实验数据,以过滤历时为横坐标、出水浊度为纵坐标,绘制滤速为 8 m/h 时的初滤水浊度变化曲线。设出水浊度不得超过 3,那么,滤柱运行多少分钟出水浊度才符合要求? 绘制滤速为 16 m/h 时的出水浊度变化曲线。

(2) 根据表 3-8 中的实验数据,以冲洗强度为横坐标、以滤层膨胀率为纵坐标,绘制冲洗强度与滤层膨胀率关系曲线。

(3) 根据表 3-9 中的实验数据,以滤速为横坐标、清洁滤层水头损失为纵坐标,绘制滤速与清洁滤层水头损失关系曲线。

6. 注意事项

(1) 滤柱用自来水冲洗时,要注意检查冲洗流量,因给水管网压力的变化及其他的滤柱进行冲洗,都会影响冲洗流量,应及时调节冲洗自来水阀门开启度,尽量保持冲洗流量不变。

(2) 加药直接过滤时,不可先开自来水阀门后投药,以免影响过滤水质。

7. 问题讨论

(1) 滤速层内有空气泡时对过滤、冲洗有何影响?

(2) 当进水浊度一定时,采取哪些措施能降低初滤水出水浊度?

(3) 冲洗强度为何不宜过大?

三、滤池反冲洗实验

(一) 实验目的

(1) 验证水反冲洗理论,加深对教材内容的理解。

(2) 了解并掌握气、水反冲洗方法,以及由实验确定最佳气、水反冲洗强度与反冲洗时间的方法。

(3) 通过水反冲洗及气、水联合反冲洗加深对气、水反冲洗效果的认识。

(4) 观察反冲洗全过程,加深感性认识。

(二) 水反洗强度验证实验

1. 实验原理

当滤池的水头损失达到预定极限 (一般均为 2.5 ~ 3.0 m) 或水质恶化时,就需要进行反冲洗。滤层膨胀率对反冲洗效果影响很大,对于给定的滤层,在一定水温下的滤层膨胀率取决于冲洗强度。滤层冲洗强度一般可按式 (3-8) 求出:

$$q = 28.7 \frac{d_e^{1.31}}{\mu^{0.54}} \cdot \frac{(e + \varepsilon_0)^{2.31}}{(1 + e)^{1.77}(1 - \varepsilon_0)^{0.54}} \tag{3-8}$$

式中 q——冲洗强度 $[L/(m^2 \cdot s)]$;

d_e——滤料当量粒径 (cm);

μ——动力黏度 (Pa·s);

e——滤层膨胀率 (%);

ε_0——滤层原来的孔隙率。

本实验的具体目的是验证在相同条件下［实验与式（3-8）一样的水温、同一滤料和膨胀率下］计算 q 值与实验 q 值是否一致。

2. 实验设备

过滤及反冲洗实验装置如图 3-8 所示。

3. 实验步骤

（1）反冲洗实验开始前 4~6 h，在 4 个滤柱中开始过滤作业，以便为反冲洗实验做准备，使反冲洗效果更好地体现出来。

过滤中所用硫酸铝与聚丙烯酰胺的投药量，是根据对原水样的过滤性实验得出的。当浊度为 30 NTU 的原水直接过滤时，硫酸铝最佳投药量为 14 mg/L；浊度为 100 NTU 的原水投药量为 18 mg/L；浊度为 300 NTU 的原水投药量为 30 mg/L。聚丙烯酰胺助滤剂的投量为 0.1~0.5 mg/L（最大不超过 1 mg/L），均可取得较好效果。如实验原水由水库底泥加自来水配制而成，一般可用上述数值，但如实验所用原水性质与此不同，投药量可自行调整。

（2）当滤柱水头损失在 2.5~3.0 m 时，开始反冲洗。打开反洗进水阀门，调整水量到膨胀率 e 与按前式计算 q 中所选用的 e 相等时，稳定 1~2 min，然后读反洗水量并记入表 3-10 中。

表 3-10　水反冲洗记录表

滤柱号	反冲洗时间/min	反冲洗水量/L	滤层膨胀率 e/%		反冲洗强度/［L·(m²·s)⁻¹］		
			计算 e	实验 e	计算 q	实验 q	二者差值/%
1							
2							
3							
4							

4. 实验结果整理

（1）根据表 3-10 整理原始数据，计算反冲洗强度和膨胀率。

（2）计算实验时反冲洗强度与计算值的差值与百分数。

（3）分析实验 q 值与计算 q 值相差的原因。

5. 注意事项

（1）注意保证滤层实验条件基本相同。

（2）相据原水性质不同，尽量采用合理的投药量。

（三）气、水反冲洗实验

1. 实验原理

气、水反冲洗是从浸水的滤层下送入空气，当其上升通过滤层时形成若干气泡，使周围的水产生紊动，促使滤料反复碰撞，将黏附在滤料上的污物搓下，再用水冲出黏附污物。紊动程度的大小随气量及气泡直径大小而异，紊动强烈则滤层搅拌激烈。

气、水反冲洗的优点是可以洗净滤料内层，较好地消除结泥球现象且省水。当用于直接过滤时，优点更为明显，这是由于在直接过滤的原水中，一般都投加高分子助滤剂，它在滤层中所形成的泥球，单纯用水反洗较难去除。

气、水反冲洗的一般做法是先气后水，也可气、水同时反洗，但此种方法滤料容易流失。本实验采用先气后水。

2. 实验仪器设备与材料

（1）设备。

①有机玻璃柱。规格 $d = 150$ mm，$L = 2.5 \sim 3$ m，4 根；柱内盛煤、砂滤料，规格为煤滤料粒径 $d = 1 \sim 2$ mm，厚度为 30 cm；砂滤料粒径 $d = 0.5 \sim 1.0$ mm，滤料层高度为 $40 \sim 50$ cm。

②长柄滤头，4 只。

③水箱，规格 100 cm × 75 cm × 35 cm，1 只。

④混合槽，规格 $D = 200$ mm，$H = 160$ mm，1 只。

⑤混凝剂溶液箱，规格 40 cm × 40 cm × 45 cm，1 只。

⑥投配槽，容积以 1 min 流量为准，1 只。

⑦助滤剂投配瓶，容积 500 mL，1 个。

⑧空气压缩机 1 台。

⑨1 000 mL 量筒 1 只、50 mL 移液管 1 只、200 mL 烧杯 15 只。

⑩配套设备、减压阀、小型循环水泵、搅拌器等。

（2）仪器。

①浊度仪 1 台；

②气体、水转子流量计各 1 台；

③秒表 1 只；

④水、气压力表各 1 只。

实验装置如图 3-9 所示。

（3）水样及药剂。

①水样。用自来水及水库底泥人工配制成浊度为 300 NTU 左右的原水。水量原则上应维持 4 个滤柱 4 h 左右的一次过滤所需量。如无水库底泥也可以其他泥取代（若条件允许，可一次配够，全部用水量应为 3 次过滤水量之和）。

②药剂。硫酸铝，浓度 1%；聚丙烯酰胺，浓度 0.1%。

3. 实验步骤

（1）用正交法安排气、水反冲洗实验。影响气、水反冲洗实验结果的因素很多，如气反冲洗时间、气反冲洗强度、水反冲洗时间、水反冲洗强度等。本实验采用正交表 $L_9(3^4)$ 设计过滤实验，见表 3-11。

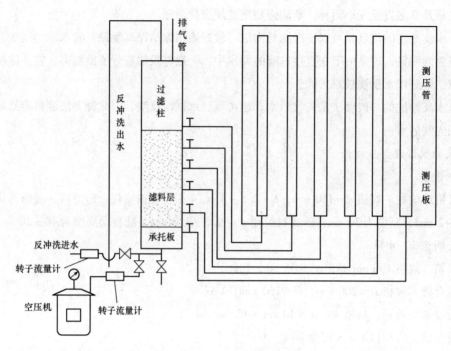

图 3-9 气、水反冲洗实验装置

表 3-11 滤池先气后水反冲洗正交分析表

因素\序号	气反冲洗时间 t/min	水反冲洗膨胀率 e/%	实验结果评价指标	
			水反冲洗强度 /[L · (m² · s)⁻¹]	剩余浊度（反洗5 min后）
1	(1) 1	(1) 20		
2	(2) 3	(1) 20		
3	(3) 5	(1) 20		
4	(1) 1	(2) 35		
5	(2) 3	(2) 35		
6	(3) 5	(2) 35		
7	(1) 1	(3) 50		
8	(2) 3	(3) 50		
9	(3) 5	(3) 50		
K_1				
K_2				
K_3				
$\overline{K}_1$				
$\overline{K}_2$				
$\overline{K}_3$				
R				

表 3-11 中的因素为气反冲洗时间 t 及水反冲洗膨胀率 e，e 可通过滤柱上的刻度测定，也反映出反冲洗水量的大小，因为 e 的大小与反冲洗强度 q 的大小直接有关。所取的 3 个水平如下：

①气反冲洗 1 min、3 min、5 min；水反冲洗膨胀率 20%、35%、50%。这些因素及水平组成 9 个不同组合，按顺序做下去为一个周期。例如，滤柱 I 中气反冲洗 1 min，水反冲洗膨胀率 $e=$ 20%；滤柱 II 中气气冲洗 3 min，e 仍为 20%；滤柱 III 中气气冲洗 5 min，e 仍不变；滤柱 IV 作为对比柱，只用水反气冲洗，也是 $e=20$%。反冲洗结束后重新进行过滤。

②按正交表中的 4、5、6 三个序号的安排进行第二轮反冲洗。反冲洗结束后再次进行过滤。

③按正交表中安排进行 7、8、9 序号的气、水反冲洗。到此为一个周期。

（2）气、水反冲洗操作步骤。

①当滤柱水头损失在 2.5 ~ 3.0 m 时，关闭原水来水阀，停止进水，待水位下降至滤料表面以上 10 cm 位置时，打开空压机阀门，往滤池底部送气。注意气量要控制在 1 m³/（m²·min）以内，以滤层表面均具有紊流状态、看似沸腾开锅、滤层全部冲动为准。此时记录转子流量计上的读数并计时。气反冲洗至规定时间，关进气阀门。气反冲洗时注意观察滤料互相摩擦的情况，并注意保持水面高于滤层 10 cm，以免空气短路。

②气反冲冲洗结束立即打开水反冲洗进水阀，开始水反冲洗。注意要迅速调整好进水量，以滤层的膨胀率保持在要求的数值上为准。当趋于稳定后，开始以秒表记录反冲洗时间，水反冲洗进行 5 min。

③反冲洗水由滤柱上部排水管排出，用量筒取样并计量流量。此时要注意用秒表计量装满 1 000 mL 量筒所需的时间，以便换算流量。在水反冲洗的 5 min 内，至少取 5 个水样，并将每次取样后测得的浊度填入表 3-12 中。最后一个水样的浊度还应计入正交表。

表 3-12　反冲洗记录表

反冲洗时间/min		1	2	3	4	5	备注
柱 I	剩余浊度						
柱 II							
柱 III							
对比柱 IV							

④对比柱 IV 与 3 个实验柱同步运行，但只用水反冲洗，对比的指标是反冲洗水用量的多少、反冲洗时间的长短及剩余浊度的大小。

4. 实验结果整理

（1）将气、水反冲洗时所记录的表 3-12 中的数值，在半对数坐标纸上以浊度为纵坐标、以时间 t 为横坐标，画出浊度与时间关系曲线，并加以评价比较。

（2）进行正交分析，判断因素主次、显著性，并找出滤料的最佳膨胀率、反冲洗用水量、气反冲洗时间。

（3）将气、水反冲洗结果与水反冲洗对比。

5. 注意事项

（1）反冲洗时控制气、水量，尽量减少滤料流失。

（2）气冲洗时防止空气短路。

6. 问题讨论

（1）根据在反冲洗过程中的观察，试分析气反冲洗法与水反冲洗法各有什么优点、缺点。

（2）气、水反冲洗法可以有哪几种不同的形式？

（3）根据气、水反冲洗结果，试从理论上探讨并解释其优于单独用水反冲洗的原因。

第四章

水污染控制化学处理法实验

实验一　臭氧（O_3）氧化法

按照处理原理的划分，废水处理的方法有物理法、化学法、物理化学法及生物法等。在化学法中，芬顿氧化法属于高级氧化法，而 O_3 氧化属于传统的化学氧化法。城镇生活污水的处理以生物法为主，出水水质通常不能满足回用水的要求，需要深度处理，以进一步去除水中微量有机污染物、悬浮物、氮和磷等。O_3 氧化处理是一种简单、有效的深度处理技术，反应快且无二次污染，在这个基础上还可以衍生一些高级氧化技术，如 O_3/UV、O_3/H_2O_2/UV、O_3/固体催化剂等。通过 O_3 氧化实验，可以加深对 O_3 氧化法处理废水机理及其工艺条件的理解，并了解其在处理难生物降解有机废水中所具有的优势。

一、实验目的

（1）通过实验加深对 O_3 氧化有机废水中目标污染物原理的理解。

（2）了解 O_3 氧化污水的实验方法和装置。

（3）通过实验确定 O_3 氧化污水的适宜氧化时间及投加量。

二、实验原理

O_3 是氧气的同素异形体，具有很强的氧化能力，其氧化还原电位为 2.07 V，仅次于 F_2（3.06 V）和 ·OH（2.80 V）。作为一种绿色氧化剂（氧化反应后产物为氧气），O_3 在日常生活中有着广泛的应用，如杀菌、消毒、饮用水净化、高浓度工业废水处理、用作工业原料等。O_3 对水中污染物的降解分为以下两种途径：

（1）O_3 直接与污染物发生反应。O_3 的氧化作用可导致不饱和的有机分子破裂，使 O_3 分子结合在有机分子双键上，生成臭氧化物。臭氧化物的自发性分裂产生一个羧基化合物和带有酸性和碱性基的两性离子，后者是不稳定的，可分解成酸和醛。

（2）臭氧与污染物间接反应，部分 O_3 首先在水中发生分解产生·OH，·OH 具有比 O_3 更强的氧化能力，其继续与目标污染物发生反应。

O_3 很不稳定，极易分解成氧气，因此，在本实验中采用现场制备的方法。氧气瓶中的氧气（O_2）通入 O_3 发生器中，在高电压的条件下氧气经电离形成氧原子后重新形成 O_3。

三、实验仪器及试剂

（1）O_3 氧化有机废水实验装置如图 4-1 所示。

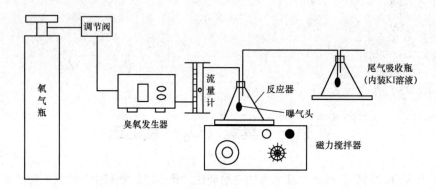

图 4-1　O_3 氧化有机废水实验装置

（2）实验仪器：氧气瓶、臭氧发生器、流量计、磁力搅拌器、电子天平、马弗炉、干燥箱、干燥器、胶头滴管、量筒、磨口锥形瓶（内径为 25 mm）5 个、计时器、坩埚若干等。

（3）实验药品：亚硫酸钠（分析纯）。

（4）实验水样：富含有机悬浮物的高浓度难降解有机污水。为直观且便于检测起见，可用城市污水处理厂生化处理二沉池含水率为 99% 左右的污泥代替。

四、实验步骤

（1）相同臭氧浓度下，氧化时间 t 对污水中挥发性悬浮固体（Volatile Suspended Solids，VSS）含量的影响。

①用量筒量取 150 mL 的污水，放入实验装置的容器；

②按图 4-1 连接实验装置，打开臭氧发生器，调节氧气进入流量 1.0 L/min，取样时间分别为：（第一组）0 min、5 min、10 min；（第二组）0 min、20 min、30 min；（第三组）0 min、30 min、45 min；（第四组）0 min、45 min、60 min（注意：取样前关闭臭氧发生器，摇匀后用胶头滴管吸取适量污水放入坩埚中）；

③给坩埚编号、干燥、称重，记录为 M_0；

④取出的污水放入坩埚中（覆盖坩埚底部即可），将盛有污水的坩埚放入干燥箱中，于 105 ℃ ~ 110 ℃ 干燥至恒重、称重，记录为 M_1；

⑤将上述④中称重后的坩埚放入马弗炉，升温至600 ℃后灼烧4 h（注意：灼烧后关闭电源，不宜立即取出坩埚，待在马弗炉中4~5 h后才可打开马弗炉，否则容易灼伤或者烫伤），取出坩埚放入干燥器中冷却至室温、称重，记录为M_2。

（2）在较佳反应时间下，不同臭氧浓度（臭氧浓度不能等同于臭氧发生器上显示的氧气进入量，但可以以氧气进入流量相对衡量臭氧量）下污水VSS变化。

①量取150 mL的污水（2份），依次放入编号为1、2的锥形瓶中；

②连接实验装置，打开臭氧发生器，在较佳反应时间t下，调节空气流量分别为：（第五组）0 L/min、0.5 L/min；（第六组）0 L/min、1 L/min；（第七组）0 L/min、1.5 L/min；（第八组）0 L/min、2 L/min；

③重复"氧化时间t对污水中挥发性悬浮固体含量的影响"中的步骤③、④、⑤。

五、实验数据及整理

（1）污水中VSS含量按式（4-1）计算，不同臭氧浓度下污水中VSS的减量按式（4-2）计算。

$$VSS(\%) = \frac{M_1 - M_2}{M_1 - M_0} \times 100\% \tag{4-1}$$

$$VSS_{减量} = \frac{VSS_0 - VSS_t}{VSS_0} \times 100\% \tag{4-2}$$

式中 VSS——污水中挥发性悬浮固体含量；

VSS_0、VSS_t——0和t时刻污水中挥发性悬浮固体含量；

M_0、M_1、M_2——分别表示坩埚、干燥后"坩埚+样品"、灼烧后"坩埚+样品"的质量。

（2）将不同氧化时间污水中VSS的含量记入表4-1中，将不同臭氧浓度下污水中VSS的变化记入表4-2中。

表4-1 臭氧氧化时间t对污水中VSS含量的影响

时间/min	编号	坩埚M_0/g	105 ℃~110 ℃干燥至恒重后，坩埚+样品M_1/g	总固体(M_1-M_0)/g	600 ℃、4 h坩埚+样品M_2/g	挥发性固体(M_1-M_2)/g	VSS/%	平均VSS/%
T_0	1							
	2							
	3							
T_1	4							
	5							
	6							
T_2	7							
	8							
	9							

表 4-2   不同臭氧浓度下污水中 *VSS* 的变化

臭氧流量 / (L·min^{-1})		编号	坩埚/g	105 ℃ ~ 110 ℃ 干燥至恒重后，坩埚 + 样品 M_1/g	总固体 $(M_1 - M_0)$ /g	600 ℃、4 h 坩埚 + 样品 M_2/g	挥发性固体 $(M_1 - M_2)$ /g	*VSS*/%	平均 *VSS*/%
Q_0	0	1							
		2							
		3							
Q_1		4							
		5							
		6							
Q_2		7							
		8							
		9							

六、问题讨论

（1）臭氧流量对污水中 *VSS* 含量的影响及其趋势如何？

（2）水样中哪些物质可能会影响臭氧对目标污染物的降解效果？

附：臭氧发生器使用说明

（1）系统务必可靠接地。

（2）参照臭氧发生器铭牌数据，检查冷却水系统是否正常，这可由系统自带的冷却水压力、流量和温度检测仪表的显示值获得，确认这些参数正常。

（3）将臭氧发生器的臭氧出口用耐臭氧硅胶管连接到反应器，打开通气管道上的阀门，通过检测系统对气量、气压和温度进行观察。确认与铭牌数据相符后，持续通气 10 min 以上，除去臭氧管道内和臭氧电晕放电单元内的湿气。

（4）将时间控制器（选件）设定至所需时间段，设定好开机时间，接通电源，打开电源开关，臭氧发生器开始工作，面板上流量计有进气量显示，调节流量计旋钮，让流量计出气量处于设计范围。工作时电流表有电流显示，调节电流旋钮，一般工作电流调整为 0.4 ~ 0.45 A。当达到所需的时间后，臭氧发生器停止工作。

（5）关闭进水、进气阀门，关闭臭氧管道阀门，切断电源。

实验二　Fenton 氧化法处理有机废水

目前，化学法处理废水的一个发展趋势，也是人们研究比较活跃的一个领域，就是高级氧化法。所谓高级氧化法，是指通过产生具有强氧化能力的羟基自由基进行氧化反应，去除和降解水中污染物的方法。高级氧化法主要用于将大分子难降解有机物氧化降解成低毒和无毒小分子物质的水处理场合。这些难降解有机物，采用常规氧化剂，如氧气、臭氧和氯等都难以氧化。羟基自由基与其他常见氧化剂氧化能力相比，从它们的氧化还原电位来看，氧自由基 $O \cdot$（2.42 V）、臭氧 O_3（2.07 V）、双氧水 H_2O_2（1.78 V）、氯气 Cl_2（1.36 V）、氧气 O_2（1.23 V），而羟基自由基 $\cdot OH$（2.80 V），仅次于 F_2（3.06 V）。

羟基自由基氧化，也就是高级氧化有机物，具有以下特点：羟基自由基是高级氧化过程的中间产物，作为引发剂诱发后面的链式反应发生，通过链式反应降解污染物；羟基自由基选择性小，几乎可以氧化废水中所有还原性物质，直接将其氧化为 CO_2 和 H_2O 或盐，不产生二次污染；反应速度快，氧化速率常数一般为 $10^6 \sim 10^9 /$（m·s）；反应条件温和，一般不需要高温、高压、强酸或强碱等条件。同时，其在难生物降解有机废水处理中，具有提高废水可生化性等方面的独特优势。在这些方法中，芬顿（Fenton）氧化法是其中最典型的代表，也是当前工业废水处理中应用最多的一种方法。本实验采用过氧化氢与亚铁盐构成的氧化体系（通常称为芬顿试剂）处理亚甲基蓝废水，帮助学生了解高级氧化技术的机理、主要影响因素及工艺技术参数等。

一、实验目的

（1）了解 Fenton 试剂氧化处理有机废水的基本原理和操作步骤。

（2）掌握废水中亚甲基蓝的测定方法。

二、实验原理

1. 亚甲基蓝性质

亚甲基蓝（Methylene Blue，MB），又名 3，7 - 双（二甲氨基）吩噻嗪 - 5 - 鎓氯化物，是一种吩噻嗪盐，外观为深绿色青铜光泽结晶（三水合物），密度为 1 g/mL，理论 COD 值约为 1 500 mg/g，可溶于水及乙醇，不溶于醚类。其结构式如图 4-2 所示。

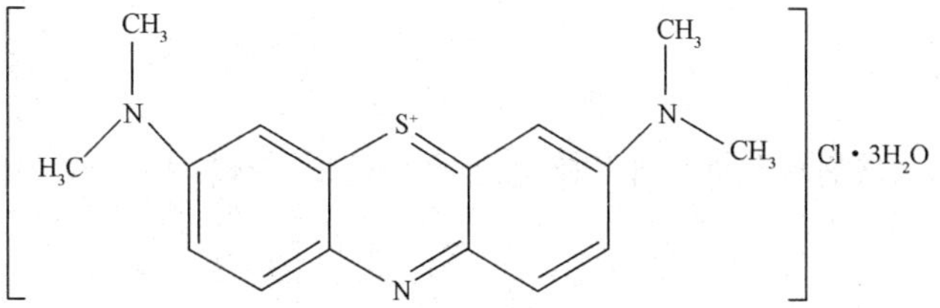

图 4-2　亚甲基蓝结构式

亚甲基蓝广泛应用于化学指示剂、染料、生物染色剂和药物等方面，由于其具有特殊的吩噻嗪环结构，是一种公认难降解的染料，因此对其进行降解处理是废水处理中的一项非常重要的工作。

2. Fenton 氧化法原理

Fenton 氧化法是利用 Fenton 试剂（Fenton Regant）氧化处理有机废水的方法，属于一种以羟基自由基·OH 为主要氧化剂的高级氧化技术。Fenton 试剂是 1894 年由法国化学家芬顿（Fenton）首次开发应用，由过氧化氢和亚铁盐组成的催化体系，芬顿（Fenton）反应其实是在亚铁离子催化下产生一系列·OH 自由基的反应。其主要反应式大致如下：

$$H_2O_2 + Fe^{2+} \rightarrow Fe^{3+} + \cdot OH + OH^- \tag{4-3}$$

$$Fe^{3+} + H_2O_2 + OH^- \rightarrow Fe^{2+} + H_2O + \cdot OH \tag{4-4}$$

$$H_2O_2 + Fe^{3+} \rightarrow Fe^{2+} + HO_2 \cdot + H^+ \tag{4-5}$$

$$H_2O_2 + HO_2 \cdot \rightarrow H_2O + O_2 + \cdot OH \tag{4-6}$$

通过以上链式反应不断产生·OH 自由基，pH 值低时（一般要求 pH 值 = 3 左右），·OH 氧化电位为 2.80 V，氧化能力与氟接近，能与废水中各类有机物迅速发生反应，氧化、降解有机物。故可应用于处理难以生化降解的有机废水或染料废水的脱色，对处理含烷基苯磺酸盐、酚、表面活性剂、水溶性高分子的废水特别有效。

影响 Fenton 氧化反应效果与速率的因素包括反应物本身的特性、H_2O_2 的剂量、Fe^{2+} 的浓度、pH 值、反应温度及时间等。

据相关文献，亚甲基蓝在水中产生最大吸收的波长为 664 nm 左右。利用这个特性，便可以采用可见分光光度法测定废水中亚甲基蓝含量。通过测定 Fenton 氧化废水前后的亚甲基蓝含量，便可求得亚甲基蓝去除率。

三、实验仪器及试剂

（1）实验仪器：磁力搅拌器，可见分光光度计，50 mL 的比色管若干，250 mL 的三角烧瓶若干；不同规格的移液管或移液枪若干。

（2）实验试剂：30% 双氧水（原液），七水硫酸亚铁；1 mol/L 的 H_2SO_4 溶液，1 mol/L 的 NaOH 溶液，亚甲基蓝溶液（10 mg/L）。

（3）实验水样：模拟有机废水（0.5 g/L 亚甲基蓝溶液）。

四、实验步骤

本实验采用 Fenton 试剂氧化处理亚甲基蓝废水，通过烧杯搅拌实验来确定硫酸亚铁和双氧水的投加量。

1. 标准曲线的绘制

向一组 9 支 50 mL 的比色管中分别用移液管加入 0.00 mL、1.00 mL、2.00 mL、4.00 mL、6.00 mL、8.00 mL、10.00 mL、12.50 mL、15.00 mL 事先配制好的亚甲基蓝溶液（10 mg/L），

向比色管中加蒸馏水至标线，于波长 664 nm 左右处测定各比色管中亚甲基蓝的吸光度，记入表 4-3 中。绘制吸光度对亚甲基蓝含量（mg/L）的标准曲线。

2. Fe^{2+} 浓度对亚甲基蓝降解的影响

在 6 只三角烧瓶中各加入 100 mL 模拟有机废水，调节 pH 值 = 3.0～4.0，将烧杯置于磁力搅拌器上，往各烧瓶中分别加入 0、0.2、0.3、0.4、0.6、0.8（g）的七水硫酸亚铁固体，搅拌，再分别加入 0.5 mL 双氧水，搅拌，反应一段时间（0.5 h、1.0 h、1.5 h 及 2.0 h 中选择一个点）后，加入 2～5 mL 硫酸溶液（1 mol/L 的 H_2SO_4）消除黄色氢氧化铁的干扰，或者加入 1 mol/L NaOH 溶液调节 pH 值 = 8.0～9.0 沉淀 30 min（必要时加极少量 PAM 助凝）的方法处理。取一定体积上清液，测定溶液的吸光度，找出亚铁离子的最佳投加量，记入表 4-4 中。

3. 双氧水浓度对亚甲基蓝降解的影响

在 6 只三角烧瓶中各加入 100 mL 模拟废水，调节 pH = 3.0～4.0，将烧杯置于磁力搅拌器上，往各烧瓶中加入前一步实验中确定的最佳的硫酸亚铁投加量，搅拌，再分别加入 0.2 mL、0.3 mL、0.5 mL、0.8 mL、1.0 mL（或 1.5 mL）双氧水，搅拌，反应一段时间（0.5 h、1.0 h、1.5 h 及 2.0 h 中选择一个点）后，加入 2～5 mL 硫酸溶液（1 mol/L 的 H_2SO_4）消除黄色氢氧化铁的干扰，或者加入 1 mol/L NaOH 溶液调节 pH 值 = 8.0～9.0 沉淀 30 min（必要时加极少量 PAM 助凝）的方法处理。取一定体积上清液，测定溶液的吸光度，找出双氧水的最佳投加量，记入表 4-5 中。

五、实验记录及结果整理

反应时间＿＿＿＿＿＿ min；反应温度＿＿＿＿＿＿℃；反应 pH 值＿＿＿＿＿。

表 4-3　亚甲基蓝标准曲线

烧杯号	1	2	3	4	5	6
亚甲基蓝浓度						
亚甲基蓝吸光度						

表 4-4　亚甲基蓝降解—Fe^{2+} 浓度的影响

烧杯号		1	2	3	4	5	6
投药量	$FeSO_4$						
	H_2O_2						
滤液吸光度							
剩余亚甲基蓝浓度							
亚甲基蓝去除率							

表 4-5　亚甲基蓝降解—双氧水浓度的影响

烧杯号		1	2	3	4	5	6
投药量	FeSO_4						
	H_2O_2						
滤液吸光度							
剩余亚甲基蓝浓度							
亚甲基蓝去除率							

（1）根据表4-3绘制吸光度对亚甲基蓝含量（mg/L）的标准曲线。

（2）根据表4-4及表4-5作出药剂投量—亚甲基蓝去除率曲线，找出最佳药剂投量。

六、问题讨论

（1）溶液 pH 值对 Fenton 反应有何影响？这种影响是如何造成的？

（2）有何措施可以进一步提高 Fenton 反应的氧化效果？

实验三　光催化降解有机染料甲基橙废水

根据所使用的氧化剂及催化条件的不同，典型的高级氧化技术通常有芬顿氧化法、臭氧氧化法（UV/O_3，r/ O_3）、光催化氧化法及湿式催化氧化法等，除实验二所述的芬顿氧化法外，目前，在高级氧化领域研究最为活跃的就是光催化氧化法，简称光催化法。

光催化始于 1972 年，Fujishima 和 Honda 发现光照的 TiO_2 单晶电极能分解水，引起人们对光诱导氧化还原反应的兴趣，由此推动了有机物和无机物光氧化还原反应的研究。

1976 年，Cary 等报道，在近紫外光照射下，曝气悬浮液，浓度为 50 μg/L 的多氯联苯经半小时的光反应，多氯联苯脱氯，这个特性引起环境研究工作者的极大兴趣，光催化消除污染物的研究日趋活跃。在水体含有的各类污染物中，有机物是最主要的一类。美国环保局公布的 129 种基本污染物中，有 9 大类共 114 种有机物。国内外大量研究表明，光催化法能有效地将烃类、卤代有机物、表面活性剂、染料、农药、酚类和芳烃类等有机污染物降解，最终无机化为 CO_2 和 H_2O，而污染物中含有的卤原子、硫原子、磷原子和氮原子等则分别转化为 X^-、SO_4^{2-}、PO_4^{3-}、PO_4^{3-}、NH_4^+ 和 NO_3^- 等离子。因此，光催化技术具有在常温常压下进行、彻底消除有机污染物和无二次污染等优点。

光催化技术的研究涉及原子物理、凝聚态物理、胶体化学、化学反应动力学、催化材料、光化学和环境化学等多个学科，因此，多相光催化科技是集这些学科于一体的多种学科交叉汇合而成的一门新兴的技术。

光催化意味着光化学与催化剂两者的有机结合，因此，光和催化剂是引发与促进光催化反应的必要条件。光催化以半导体（如 TiO_2、ZnO、CdS、$\alpha - Fe_2O_3$、WO_3、SnO_2、ZnS、$SrTiO_3$、$CdSe$、$CdTe$、In_2O_3、FeS_2、$GaAs$、GaP、SiC 和 MoS_2 等）作为光催化剂。其中，TiO_2 具有价低无毒、化学及物理稳定性好、耐光腐蚀和催化活性高等优点，故 TiO_2 是目前广泛研究、效果较好的光催化剂。

一、实验目的

（1）了解 TiO_2 光催化降解有机污染物的基本原理。

（2）了解 TiO_2 光催化降解甲基橙的影响因素如 pH 值、甲基橙初始浓度等对甲基橙脱色率的影响。

（3）掌握光催化降解水中有机污染物的实验方法和过程。

二、实验原理

1. 甲基橙性质

甲基橙（Methyl Orange，MO），别名金莲橙 D，又名对二甲基氨基偶氮苯磺酸钠。甲基橙为橙黄色鳞片状晶体或粉末，微溶于水，不溶于乙醇。甲基橙的变色范围：pH 值 < 3.1 时变

红，pH 值 >4.4 时变黄，pH 值为 3.1~4.4 时呈橙色。甲基橙属于阳离子型染料，是常用的纺织染料的一种，主要用于对纤维的染色。由于甲基橙分子结构中含有偶氮基（—N＝N—），不易被传统的氧化法彻底降解，容易造成环境污染。甲基橙分子式如图 4-3 所示。

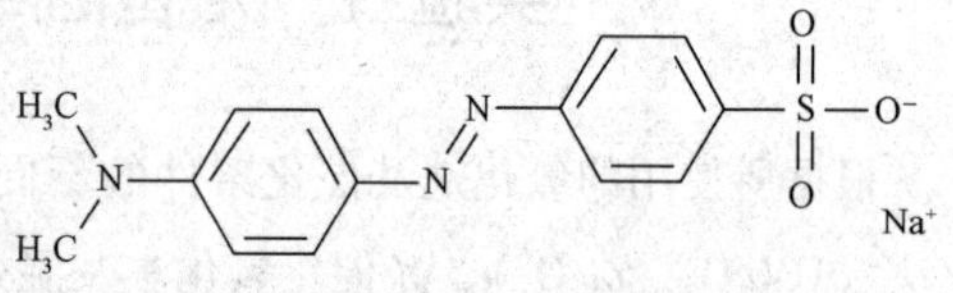

图 4-3　甲基橙分子式

从结构上看，它属于偶氮染料，这类染料是各类染料中最多的一种，约占全部染料的 50%。根据已有实验分析，甲基橙是较难降解的有机物，因而，以它作为研究对象有一定的代表性。

2. TiO_2 光催化原理

半导体材料 TiO_2 作为光催化剂具有化学稳定性高、耐酸碱性好、对生物无毒、不产生二次污染、低价等优点，故以 TiO_2 为催化剂的非均相纳米光催化氧化是一种具有广阔应用前景的水处理新技术，倍受人们青睐。

TiO_2 光催化反应机理图如式（4-7）及图 4-4 所示。半导体粒子具有能带结构，一般由填满电子的低能价带（VB）和空的高能导带（CB）构成，价带中最高能级与导带中的最低能级之间的能量差叫作禁带宽度或带隙能（简写为 Eg）。半导体的光吸收阈值与带隙能 Eg 有关，其关系式：$\lambda g = 1\ 240/Eg$（eV）。锐钛矿型的 TiO_2 带隙能为 3.2 eV，光催化所需入射光最大波长为 387.5 nm。当波长小于或等于 387.5 nm 的光照射时，TiO_2 价带上的电子（e^-）被激发跃迁至导带，在价带上留下相应的空穴（h^+），并迁移到表面：

$$TiO_2 + hv \rightarrow h^+ + e^- \tag{4-7}$$

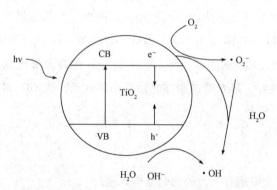

图 4-4　TiO_2 光催化反应机理图

光生空穴（h^+）是一种强氧化剂，可将吸附在 TiO_2 颗粒表面的 OH^- 和 H_2O 分子氧化成 ·OH 自由基，·OH 能够氧化相邻的有机物，也可扩散到液相中氧化有机物：

$$H_2O + h^+ \rightarrow \cdot OH + H^+ \tag{4-8}$$

$$OH^- + h^+ \rightarrow \cdot OH \tag{4-9}$$

导带电子（e^-）是一种强还原剂，它能与表面吸附的氧分子发生反应，产生 $\cdot O_2^-$ 自由基及 ·OOH 自由基。

$$O_2 + e^- \rightarrow \cdot O_2^- \tag{4-10}$$

$$H_2O + \cdot O_2^- \longrightarrow \cdot OOH + OH^- \tag{4-11}$$

$$2 \cdot OOH \longrightarrow O_2 + H_2O_2 \tag{4-12}$$

$$H_2O_2 + e^- \longrightarrow \cdot OH + OH^- \tag{4-13}$$

$$H_2O_2 + \cdot O_2^- \longrightarrow \cdot OH + OH^- \tag{4-14}$$

上述反应过程中产生的活性氧化物种如 $\cdot OH$、$\cdot O_2^-$、$\cdot HOO$ 和 H_2O_2 等，可以氧化包括难生物降解化合物在内的众多有机物，使之完全矿化成 H_2O 和 CO_2 等无机小分子。

3. 光催化降解甲基橙的影响因素

（1）溶液初始浓度。光催化氧化的反应速率可用 Langmuir-Hinshelwood 动力学方程式（4-15）来描述：

$$r = kKC/(1 + KC) \tag{4-15}$$

式中　r——反应速率；

C——反应物浓度；

K——表观吸附平衡常数；

k——发生于光催化活性位置的表面反应速率常数。

低浓度时，$KC \ll 1$，则式（4-15）可以简化为式（4-16）：

$$r = kKC = K'C \tag{4-16}$$

即在一定范围内，反应速率与溶质浓度成正比，初始浓度越高，降解速率越大；但是当初始浓度超过一定范围时，反应速率有可能随着浓度的升高而降低。因此，溶液的初始浓度应控制在一定的范围内。

（2）催化剂用量。在一定强度紫外光照射下 TiO_2 粒子被激发，继而在光催化体系中产生羟基自由基等系列活性氧化物种，因此，较多量的 TiO_2 必然能产生较多的活性物种来加快反应进程，从而提高降解效率，可是当催化剂超过一定量时反应速率不再增加。这是因为过多的 TiO_2 粉末会造成光的透射率降低及发生光散射现象，所以进行光催化降解反应时有必要选择一个最佳的催化剂加入量。

三、实验试剂及材料

（1）仪器：722 型分光光度计 1 台、125 W 高压汞灯 1 支、反应器 1 个、充气泵 1 个、恒温水浴 1 套、磁力搅拌器 1 台、离心机 1 台、台秤 1 台、秒表 1 块、移液管（10 mL）2 支、吸耳球、离心管 6 支、容量瓶（500 m 和 1 L 各 1 个）、烧杯若干。

（2）药品：甲基橙储备液（1 g/L）、纳米 TiO_2（P25）。

四、实验步骤

（1）1 g/L 甲基橙储备液的配制：称取 0.5 g 甲基橙溶于蒸馏水或纯净水中，转移到 500 mL 容量瓶中，定容、摇匀，得到浓度为 1 g/L 的甲基橙储备液。

（2）20 mg/L 甲基橙反应液的配制：取 1 g/L 甲基橙储备液 20 mL 于 1 L 容量瓶中定容，得到 20 mg/L 的甲基橙反应液，用 HCl 和 NaOH 调节甲基橙的 pH 值为 3 左右。

（3）TiO$_2$ 对甲基橙的吸附实验。用量筒量取 20 mg/L 的甲基橙 150 mL，倒入反应器中，加入 0.2 g TiO$_2$，暗处搅拌，分别于 10 min、20 min、30 min、40min 和 50min 用一次性注射器（或移液管）取样于 10 mL 离心管，取上清液测定甲基橙吸光度。确定吸附达到平衡所需的时间。

（4）光催化反应实验：

①直接光解和 TiO$_2$ 光催化降解甲基橙的对比：取两个反应器，编号为 A、B。

a. A 的条件：用量筒量取 20 mg/L 的甲基橙 150 mL，倒入 A 反应器中，放入一颗搅拌子；

b. B 的条件：用量筒量取 20 mg/L 的甲基橙 150 mL，倒入 B 反应器中，加入 0.2 g TiO$_2$。

②将两反应器置于暗处，待吸附平衡后（根据吸附实验确定），放入光反应装置中，接通冷凝水，打开紫外灯进行光催化实验。

③分别于 0 min、10 min、20 min、30 min、40 min 和 50 min，用一次性注射器（或移液管）取样 10 mL 于离心管，取离心后上清液测定甲基橙吸光度。

（5）甲基橙浓度的测定。采用 722 型分光光度计在波长为 462 nm 下测定甲基橙吸光度。

①甲基橙标准曲线的绘制。取 7 支 10 mL 比色管，用 10 mL 移液管分别移取 20 mg/L 甲基橙溶液 0、1.0、2.0、3.5、5、7.5、10（mL）于比色管中，制得浓度为 0、2、4、7、10、15、20（mg/L）的甲基橙溶液，绘制吸光度对浓度的标准曲线。

②样品浓度的测定。取出的样品在 8 000 r/min 转速下离心 5 min，取上清液测定样品的吸光度，根据标准曲线计算甲基橙的浓度值，按式（4-17）计算甲基橙去除率。

$$\eta = \frac{(C_0 - C_t)}{C_0} \times 100\% \tag{4-17}$$

式中　C_0——甲基橙溶液的初始浓度；

　　　C_t——甲基橙溶液 t 时刻的浓度。

五、实验数据记录及分析

（1）将 TiO$_2$ 对甲基橙的吸附结果填入表 4-6 中。

表 4-6　TiO$_2$ 对甲基橙的吸附结果

吸附时间/min	0	10	20	30	40	50
溶液吸光度						
溶液浓度/（mg·L^{-1}）						

（2）将甲基橙溶液标准曲线数据填入表 4-7，以吸光度 A 为 x 轴、浓度 C 为 y 轴作标准曲线。

表 4-7　甲基橙标准曲线数据记录表

浓度/（mg·L^{-1}）	0	2	4	7	10	15	20
吸光度							

（3）将光降解反应样品吸光度值数据填入表 4-8 中，将计算所得的相应的浓度值填入表 4-9 中。

表 4-8 光降解甲基橙吸光度测定记录表

编号	0 min	10 min	20min	30 min	40 min	50 min
A 样品（吸光度）						
B 样品（吸光度）						

表 4-9 光降解甲基橙浓度记录表

编号	0 min	10 min	20 min	30 min	40 min	50 min
A 样品中甲基橙浓度/（mg·L^{-1}）						
B 样品中甲基橙浓度/（mg·L^{-1}）						

（4）绘制 A、B 实验条件下甲基橙浓度随时间的变化关系图，并与 TiO$_2$ 对甲基橙的吸附结果进行比较。

（5）采用作图法由实验数据确定反应级数。根据本实验的原理部分可知，该反应是一个表面催化反应，而一般表面催化反应更多的是零级反应；不妨设纳米 TiO$_2$ 光催化降解甲基橙的反应是一级反应，即 ln（1/C）= $k_1 t$ + 常数，以浓度 ln（1/C）对时间 t 作图，验证 ln（1/C）—t 关系是否成一直线（纳米 TiO$_2$ 光催化降解甲基橙的反应是一级反应），并求出 K 值。

（6）计算甲基橙去解率，填入表 4-10 中，并绘制 η—t 的线性关系图。

表 4-10 光降解甲基橙去除率记录表

编号	0 min	10 min	20 min	30 min	40 min	50 min
A 样品中甲基橙去除率/%						
B 样品中甲基橙去除率/%						

六、问题讨论

（1）在实验中，为什么用蒸馏水做参比溶液来调节分光光度计的透光率值为 100%？一般选择参比溶液的原则是什么？

（2）配制甲基橙废水时，甲基橙需要准确配制吗？

（3）甲基橙光催化降解速率与哪些因素有关？

（4）可见光催化剂和 TiO$_2$ 有哪些优点？

第五章

水污染控制物理化学法实验

实验一　混凝

混凝广泛应用于微污染水源水、生活污水和工业废水的处理及二沉池出水的除磷深度处理。无论在沉淀过程中还是在气浮过程中，当悬浮物粒径细小或接近胶体状态时，都需要通过混凝来增大颗粒粒径以促进沉淀或气浮。影响混凝效果的因素有废水水质、水温、搅拌强度及时间的动力学条件等，其中两个关键因素是混凝剂投加量和废水的 pH 值，因此，很有必要通过混凝实验的开展，让学生掌握确定混凝工艺条件的方法。

一、实验目的

（1）了解混凝的现象及过程、净水作用及影响混凝的主要因素。

（2）确定混凝剂的最佳用量及其相应的 pH 值。

二、实验原理

混凝是用来去除水中无机和有机的胶体悬浮物。通常在废水中所见到的胶体颗粒其大小变化为 100 Å ～10 μm，而其 ξ 电位为 15～20 mV。胶体悬浮物的稳定性是由于高 ξ 电位引起的斥力，或者是由于在亲水的胶体上吸附了一层水分子形成水化膜或者是由于胶体悬浮物上吸附了一层非离子的聚合物所造成的。混凝过程包括胶体悬浮物的脱稳和接着发生的使颗粒增大的凝聚作用，随后这些大颗粒可用沉淀、浮选和过滤法去除。

脱稳是通过投加强的阳离子电解质如 Al^{3+}、Fe^{3+} 或阳离子高分子电解质来降低 ξ 电位，或者是由于形成了带正电荷的含水氧化物如 $Al_x(OH)_y$ 而吸附于胶体上，或者是通过阴离子和阳离子高分子电解质的自然凝聚，或者是由于胶体悬浮物被围于含水氧化物的矾花内等方式来完成的。

形成矾花的最佳条件是要求 pH 值在等电离点或接近等电离点（对于铝盐来说，要求 pH 值范围为 5.0～7.0），与混凝剂的反应必须有足够的碱度，对于碱度不足的废水应投加 Na_2CO_3、NaOH 或石灰。

最有效的脱稳是使胶体颗粒同小的带正电荷含水氧化物的微小矾花接触，这种含水氧化物的微小矾花是在小于 0.1 s 时间内产生的，因此，要在短时间内剧烈地搅拌。在脱稳之后，凝聚促使矾花增大，以便使矾花随后能从水中去除。铝和铁的矾花在搅拌时较易破碎和离散。投加 2～5 mg/L 的活性硅有可能提高矾花的强度。在凝聚阶段将近结束时，投加 0.2～1.0 mg/L 的长链阴离子或非离子聚合物，通过桥联吸附作用，有助于矾花的聚集和长大，所需混凝剂的投量将由于盐和阴离子表面活性剂的存在而增加。脱稳也能通过投加阳离子聚合物来完成。

混凝的通常顺序如下：

（1）将混凝剂与水迅速剧烈地搅拌，如果水中碱度不够，则要在快速搅拌之前投加碱性助凝剂。

（2）如果使用活性硅和阳离子高分子电解质，则它们应在快速搅拌将近结束时投加使用阴离子高分子电解质。

（3）需要 15～30 min 的凝聚时间，以促进大矾花的产生。在这一过程中，要使矾花之间相互接触，增进矾花的聚集，但是搅拌的速度要使矾花不受剪切。

本实验用烧杯搅拌实验来确定最佳混凝剂投量和 pH 值。

三、实验设备及器材

（1）混凝实验搅拌仪（六联）、浊度仪；

（2）pH 计（或 pH 试纸）、温度计、10 mL 小量筒、50 mL 烧杯若干。

四、实验步骤

本实验采用浓度为 10% 的硫酸铝 $[Al_2(SO_4)_3]$ 或 5% 的聚氯硫酸铁（PFCS）混凝剂。

（1）熟悉混凝实验搅拌仪的操作。

（2）测定原水样的水温、pH 值和浊度。

（3）确定近似最小混凝剂量。近似最小混凝剂投量可以通过慢慢搅拌烧杯中 200 mL 水样，并且每次增加 1 mL 的混凝剂投加量（若采用 PFCS，则为 0.1 mL），直到出现矾花为止。必要时，加入适量碱液维持原水 pH 值。

（4）在 6 只烧杯中各注入均匀的水样 1 000 mL，放入搅拌器，注意叶轮在水中的相对位置应相同。

（5）根据水样的性质，选择各个烧杯的加药量，使它们的浓度变化为第（3）步所确定的浓度的 50%～200%，并量入小量筒中准备投加。

（6）按混合搅拌转速（250～350 r/min）或混合搅拌强度（500～700 s^{-1}）开动搅拌器，待搅拌正常后即同时在各烧杯中倒入混凝剂溶液中，从倒入时刻开始计时，当预定的混合时间（1~2 min）到达后，立即按预定的反应搅拌转速（50~100 r/min），或反应搅拌强度（20~70 s^{-1}）将搅拌器转速降低，在预定的反应时间（15 min 左右）到达后，停止搅拌。

（7）在反应搅拌开始后，要注意观察各个烧杯中有无矾花产生，矾花大小及松散密实程度。

（8）反应搅拌结束后，轻轻提起搅拌叶片（注意不要再搅动水样），进行静置沉淀 10~30 min，观察矾花的沉淀情况。

（9）沉淀时间到达后，同时取出各烧杯中的澄清水样测定其 pH 值和浊度，从而确定最佳投药量及相应的 pH 值，或者推荐的投药量（水质虽非最佳，但从经济考虑已可满足生产的需要）及相应的 pH 值，并估计最佳或推荐投药量时的污泥沉降比。

（10）如果所得结果不太理想而有必要调整 pH 值时，可在第（9）步所选定的投药量的基础上进行不同的 pH 值的实验，从而求得较好的 pH 值。配制一组各为 1 000 mL 的水样，用 NaOH 或 H$_2$SO$_4$ 调整 6 个试样的 pH 值，使 pH 值为 4~9，每个试样的 pH 值增量为 1 个 pH 值单位。最佳混凝剂投量采用第（9）步结果。重复上述第（6）~（9）步，从而确定较好的 pH 值。综合考虑，得出最佳投药量和 pH 值。

（11）如果由一组实验的结果得不出混凝剂用量的结论，或者需要更准确地求出混凝剂用量或 pH 值，则应根据对实验结果的分析，对混凝剂用量或 pH 值的变化方向做出判断，变化或缩小投量范围，进行另一组混凝剂实验。

（12）如果有必要，可做各种混凝剂实验，以确定最优的混凝剂及其用量和相应的 pH 值。

五、注意事项

（1）配水样时，必须将水样混合均匀，以保证各个烧杯中的水样性质一样。取澄清水样时，应避免搅动已经沉淀的矾花，且尽量使各烧杯水样取于上部同一清水层。

（2）注意避免某些烧杯的水样受到热或冷的影响，各烧杯中水样温度差 <0.5 ℃。

（3）注意保证各搅拌轴放到烧杯中心处，叶片在杯内高低位置应一样，且满足约定的比例关系。

（4）测定水质时应选用同一套仪器进行。例如，当 pH 计不止一套时，由于仪器精密可能不一致，故应只选用同一套。

六、实验记录

（1）混凝剂投加量实验（表 5-1）。

混凝剂：_____，溶液浓度：_____ g/L，助凝剂：_____，溶液浓度：_____%，每 1 000 mL 水样中投加 1 mL 药剂，混凝剂合_____ mg/L，助凝剂溶液合_____ mg/L。

表 5-1　混凝剂投加量对混凝效果的影响

混合时间（min）：　　　　　　　搅拌速度（r/min）：　　　　　　反应时间（min）：

搅拌速度（r/min）：　　　　　　沉淀时间（min）：　　　　　　　水温（℃）：

烧杯号		原水	1	2	3	4	5	6
投药量	混凝剂							
/（mg·L^{-1}）	助凝剂							
pH 值								
浊度								
出现矾花时间/min								
30 min 沉降比/%								
注：表中 pH 值指原液或混凝后上清液的 pH 值。								

（2）最佳 pH 值实验（表 5-2）。

NaOH（或 H$_2$SO$_4$）溶液浓度_____%，每 1 000 mL 水样投加 1 mL NaOH（或 H$_2$SO$_4$）溶液合_____mg/L。

表 5-2　**pH 值对混凝效果的影响**

混合时间（min）：　　　　　　　搅拌速度（r/min）：　　　　　　反应时间（min）：

搅拌速度（r/min）：　　　　　　沉淀时间（min）：　　　　　　　水温（℃）：

烧杯号		原水	1	2	3	4	5	6
投药量	混凝剂							
/（mg·L^{-1}）	助凝剂							
pH 值								
浊度								
出现矾花时间/min								
30 min 沉降比/%								
注：表中 pH 值指原液或混凝后上清液的 pH 值。								

七、实验结果整理

（1）作出出水浊度—混凝剂投量或除浊率—混凝剂投量曲线，找出最佳混凝剂投量。

（2）作出出水浊度（或除浊率）—pH 值曲线，找出最佳 pH 值。

八、问题讨论

随着混凝剂投量的加大，出水浊度是否越来越低？试对实验得出的出水浊度—混凝剂投量关系曲线做出合理解释。

实验二　气浮

气浮是一种有效的固—液和液—液分离方法，在很多工业废水处理中经常用到，尤其是对含油废水进行油水分离，气浮具有特殊的优势。加压溶气气浮是目前最常用的一种气浮处理方法。该法有全部废水溶气、部分废水溶气和部分回流水溶气三种基本流程。通过这个实验，学生了解加压溶气气浮系统组成，掌握气浮流程和操作方法，以加强对气浮的认识，掌握加压溶气气浮过程。

一、实验目的

（1）了解气浮实验设备和方法及利用气浮处理废水的工艺过程。

（2）掌握部分回流加压溶气流程、全加压溶气流程及部分加压溶气流程三种流程在实验装置上的实现方法。

（3）条件成熟时，按部分回流加压溶气流程操作，考察混凝对气浮处理效率的影响。

二、实验原理

加压溶气浮选（简称气浮）是一种用来分离液体中悬浮颗粒的方法，可用于分离废水中的脂肪、油、纤维和其他密度低的固体及浓缩活性污泥和凝聚的化学污泥。

在进行气浮时，将回流或废水在溶气罐中加压至 $1\sim5~kg/cm^2$，使过量空气溶解于水中，然后在接近大气压的浮选单元中骤然减压，这些空气以微细气泡的形式从溶液中释放出来，而微细气泡则附着于悬浮颗粒上或进入絮凝体，使其表观密度减小，将其迅速载浮于水面，最后将它们用刮渣机械除去。

在浮选装置之前投加药剂（如混凝剂、表面活性剂等），可以改善悬浮颗粒的表面性质，提高气泡的稳定性，从而提高处理效果，扩大了气浮的应用领域。

三、实验设备

全自动加压溶气气浮实验装置系统图如图 5-1 所示。该系统是一套可模拟工业连续运行气浮工业的高度集成实验装置，采用了回流加压溶气工艺。

工艺说明如下：

（1）当需要加混凝剂时，将混凝剂加入原水（混凝搅拌）槽14［原水（2）］，混凝搅拌作用由原水泵15加静态混合器产生。混凝剂由给药装置均匀加入，若一次性加入需在开机前加以适当搅拌。

（2）当采用全加压溶气运行方式而且需要加混凝剂时，将接于静态混合器17与气浮槽原水进口（阀）22之间的软管改接由转子流量计16至溶气进水槽，并关闭气浮槽原水进口（阀）22即可。此时，外来原水应加入原水（混凝搅拌）槽14［原水（2）］。

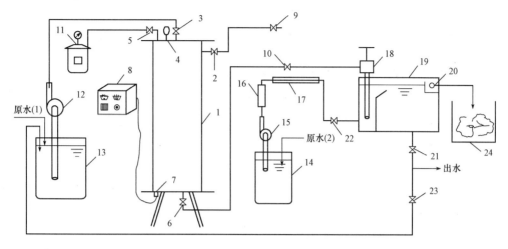

1—溶气罐；2—排气阀；3—溶气罐进水阀；4—限压阀；5—溶气罐进气阀；

6—溶气罐出水阀；7—水位传感器；8—气浮装置系统控制器；9—外壳侧板面放气阀；

10—外壳侧板溶气出口阀；11—空压机；12—溶气进水泵；13—溶气进水泵槽；

14—原水（2）（混凝搅拌）槽；15—原水（2）（混凝搅拌）泵；16—转子流量计；

17—静态混合器；18—气体释放器阀；19—气浮槽（平流式）；20—出浮渣口；

21—气浮槽出水口（阀）；22—气浮槽原水进口（阀）；23—部分回流加压水调节阀；

24—接浮渣容器。

图5-1　全自动加压溶气气浮实验装置系统图

（3）当采用全加压溶气运行方式而无须加混凝剂时，关闭气浮槽原水进口（阀）22，停止原水（2）（混凝搅拌）泵15，并且将原水进水点移往加压溶气进水泵槽 [原水（1）处] 即可。

（4）当采用部分加压溶气运行方式且需要加混凝剂（或不需要加混凝剂）时，按图中连系即可。此时，外来原水进水口应在原水（混凝搅拌）槽14 [原水（2）处]。

四、操作步骤

（1）按设备连系图检查设备连接是否正确。

（2）将板面气（水）压力表上下限分别调至 2 kg/cm² 及 2.6 kg/cm²。

（3）将控制器后板插座与气浮主机侧面入线插座用专用导线分别接插妥当。

（4）将主机接地接线柱与控制器接地接线柱分别用导线可靠接地（两者各用各的接地线实行并联接地），接地电阻应小于 10 Ω。

（5）以上准备工作完毕，往溶气水泵槽和原水（混凝搅拌）槽中加适量水（注水后槽体要保持≥10 cm 的超高）。

（6）检查控制器板面，应注意以下几项：

①电源总开关应打至 OFF 位置；

②所有开关都应打至 OFF 位置。

（7）用双插头专用电源线连接控制器与外接电源（注意：先插控制器后板，再插外电源更安全）。

（8）开机程序如下：

①打开总电源开关至 ON 位置，此时电源指示灯应亮；

②打开气浮主机侧板排气阀；

③启动溶气进水泵，使水进入溶气罐，此时开关上附属指示灯应当亮；

④当溶气进水泵自动停止后，关闭主机侧板面排气阀；

⑤启动溶气空压机，使空气压入溶气罐；

⑥当溶气罐压力到达 2.6 kg/cm² 上限后，空压机自动停止，此时罐溶气水形成；

⑦打开气浮主机侧面板面上的溶气水出口开关，并调节气浮槽上的气体释放器手柄，于是有乳白色溶气水流入气浮槽，其中乳白色为空气微泡；

⑧控制气浮槽出流阀以调节最佳刮泡液面；

⑨启动刮泡电动机进行刮泡作业；

⑩原水（混凝搅拌）泵的开启原则如下：

a. 当实验水量小，而且是无须加混凝剂的全溶气作业方式时，废水直接加入溶气槽内而不必让原水（混凝搅拌）泵投入工作，其泵槽仅做气浮排水贮水箱用。

b. 当需要加混凝剂处理时，无论全溶气还是部分溶气方式作业都应启动原水（混凝搅拌）泵系统。此时，首先将混凝剂均匀恒定加入原水（混凝搅拌）泵，而且通过主机正板面流量计适当调整流量。该系统的混凝剂混合主要靠主机内部的静态混合器完成。由于加混凝剂时，全溶气与部分溶气的设备连系外部软管的连接方式有些差异，故须注意阅读说明书有关工艺操作部分。

（9）当气浮作业完毕，关闭控制器电源总开关，并同时将控制器上所有开关都打至 OFF 位置。

（10）从气浮池排水管处取处理后水样进行浊度分析，并与原水样对比以评判处理效果。

五、实验结果

日期_____ 水温_____℃ 气浮时间_____min pH 值_____。

气浮实验数据记入表 5-3 中。

表5-3 气浮实验记录

混凝剂用量/（mg·L⁻¹）	0	X_1	X_2
进水浊度/（mg·L⁻¹）			
出水浊度/（mg·L⁻¹）			
去除率 E/%			

六、问题讨论

（1）气浮与沉淀有何相同之处？又有何不同之处？

（2）简述溶气压力大小对浮选的影响或混凝药剂对气浮的影响。

实验三　吸附实验

在工业废水处理中，尤其是废水深度处理，吸附是较常用的一种方法。通过这个实验，学生可掌握活性炭及腐植酸等在相关废水处理中的吸附性能，针对不同工业废水，会选择不同的吸附剂，并学会判断不同吸附剂吸附处理的难易程度。同时，学生可对吸附等温曲线有进一步的了解，从理论上进一步掌握吸附的工艺参数条件。

一、实验目的

（1）研究活性炭与腐植酸的吸附性能，掌握等温吸附的测定方法和等温曲线的绘制。

（2）掌握 Freundich 经验公式中吸附指数的确定方法，从而判断吸附的难易程度。

二、实验原理

活性炭吸附就是利用活性炭的固体表面对水中一种或多种物质的吸附作用，以达到净化水质的目的。活性炭具有良好的吸附性能和稳定的化学性质，是国内外应用较为广泛的一种非极性吸附剂。与其他吸附剂相比，活性炭微孔发达，比表面积大，通常比表面积可在 500 ~ 2 000 m^2/g，这是其吸附力强、吸附容量大的主要原因。

腐植酸是一组芳香结构的，性质与酸性物质相似的混合物，具有吸附阳离子的性能。同时，它对有机物也具有一定的吸附作用。

吸附作用体现在两个方面：一方面，由于吸附剂内部分子在各个方向都受着同等大小的力而在表面的分子则受到不平衡的力，这就使其他分子吸附于其表面上，此为物理吸附；另一方面，由于吸附剂与被吸附物质之间的化学作用，此为化学吸附。当吸附速度和解吸速度相等时，即单位时间内吸附剂的吸附数量等于解吸数量时，此时被吸附物质在溶液中的浓度和在吸附剂表面的浓度均不再变化，达到平衡，此时的动平衡称为吸附平衡。此时，被吸附物质在溶液中的浓度称为平衡浓度。吸附能力以吸附量 q 表示，见式（5-1）。

$$q = \frac{X}{M} = \frac{V(C_0 - C)}{M} \tag{5-1}$$

式中　q——吸附量，即单位质量的吸附剂所吸附的物质的量（mg/g）；

　　　V——污水体积（L）；

　　　C_0、C——吸附前原水及吸附平衡时污水中的物质浓度（mg/L）；

　　　X——被吸附物质的量（mg）；

　　　M——活性炭的投加量（g）。

在温度一定的条件下，吸附量随被吸附物质平衡浓度的提高而提高，两者之间的变化曲线称为吸附等温线，通常用弗兰德利希（Freundich）经验式（5-2）加以表达。

$$q = K \cdot C^{\frac{1}{n}} \tag{5-2}$$

式中　q——单位吸附剂的吸附量（mg/g）。

C——被吸附物质的平衡浓度（g/L）。

K——吸附系数，是与溶液的温度、pH 值以及吸附剂和被吸附物质的性质有关的常数。

$\dfrac{1}{n}$——吸附指数，是与溶液温度有关的常数。一般认为，$\dfrac{1}{n}$ 为 0.1～0.5 时，吸附物质容易被吸附；$\dfrac{1}{n} > 2$ 时，吸附难以进行。

K、$\dfrac{1}{n}$ 值求法如下：通过间歇式吸附实验测得 q、C——对应值，将 Freundich 经验式取对数后变换为式（5-3）：

$$\log q = \log K + \frac{1}{n}\log C \tag{5-3}$$

以 $\log q$—$\log C$ 作图，所得直线的斜率即 $\dfrac{1}{n}$，截距为 $\log K$。

由于间歇式静态吸附法处理能力低，设备多，故在工程中多采用连续流活性炭吸附法，即活性炭动态吸附法。

采用连续流方式的活性炭吸附性能，可用 Bohart 和 Adams 所提出的关系式（5-4）、式（5-5）来表达。

$$\ln\left[\frac{C_0}{C} - 1\right] = \ln\left[\exp\left(\frac{KN_0D}{V}\right) - 1\right] - KC_0t \tag{5-4}$$

$$t = \frac{N_0}{C_0V}D - \frac{1}{C_0K}\ln\left(\frac{C_0}{C_B} - 1\right) \tag{5-5}$$

式中　t——工作时间（h）；

　　　V——流速（m/h）；

　　　D——活性炭层的厚度（m）；

　　　K——速度常数（L/mg·h）；

　　　N_0——吸附容量，即达到饱和时被吸附物质的吸附量（mg/L）；

　　　C_0——进水中被吸附物质的浓度（mg/L）；

　　　C_B——允许出水中溶质的浓度（mg/L）。

当工作时间 $t = 0$ 时，能使出水溶质的浓度小于 C_B 的炭层理论深度，称为活性炭层的临界深度 D_0。其值可由式（5-5）$t = 0$ 推出，其表达式见式（5-6）。

$$D_0 = \frac{V}{KN_0}\ln\left(\frac{C_0}{C_B} - 1\right) \tag{5-6}$$

炭柱的吸附容量（N_0）和速度常数（K）可通过连续流活性炭吸附实验并利用式（5-4）和 t—D 线性关系回归或作图法求出。

三、实验设备及材料

（1）吸附实验装置如图 5-2 和图 5-3 所示；

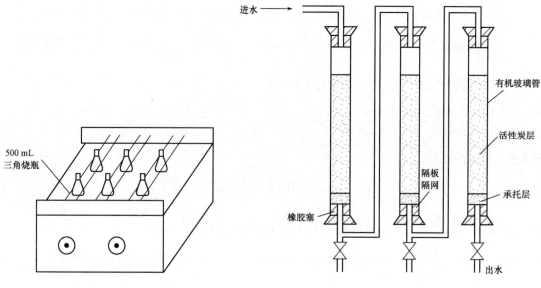

图 5-2　间歇式吸附实验装置　　　　图 5-3　连续流吸附实验装置

（2）振荡器、烘箱、分光光度计、电子天平（万分之一）；

（3）50 mg/L 及 10 mg/L 亚甲基蓝溶液各数升；

（4）粉末活性炭、腐植酸等。

四、实验步骤

本实验进行间歇式吸附实验。实验步骤如下：

（1）作亚甲基蓝溶液浓度—吸光度标准曲线。向一组 9 支 50 mL 的比色管中分别用移液管加入 0.00 mL、1.00 mL、2.00 mL、4.00 mL、6.00 mL、8.00 mL、10.00 mL、12.50 mL、15.00 mL 事先配置好的亚甲基蓝溶液（10 mg/L），向比色管中加蒸馏水至刻度，于波长 664 nm 左右处测定各比色管中亚甲基蓝的吸光度。绘制吸光度对亚甲基蓝含量（mg/L）的标准曲线。

（2）将实验用粉末活性炭及腐植酸在烘箱内 105 ℃下烘干 3 h。

（3）用电子天平称取 200 mg、400 mg、600 mg、800 mg、1 000 mg、1 500 mg（或 2 000 mg）活性炭，分别加入 6 个锥形瓶，在每个锥形瓶中加入 150 mL 预先配置好的亚甲基蓝溶液（50 mg/L），在振荡器上振荡 35 min 以上。或者称取 1.0 g、2.0 g、3.0 g、4.0 g、5.0 g、7.5 g（或 10 g）腐植酸，分别加入 6 个锥形瓶中，在每个锥形瓶中加入 150 mL 预先配置好的亚甲基蓝溶液（10 mg/L），在振荡器上振荡 45 min 以上。

（4）过滤各锥形瓶中的亚甲基蓝溶液，于 664 nm 左右处测定各滤液中残留的亚甲基蓝的吸光度，并根据亚甲基蓝溶液浓度—吸光度标准曲线求得残留亚甲基蓝浓度。

五、实验记录

将间歇式吸附实验数据填入表5-4中。

表5-4　间歇式吸附实验记录

水样亚甲基蓝浓度（mg/L）：　　　　pH值：　　　　　水样温度（℃）：　　　　　水样体积（L）：

吸附剂种类	序号	原水样亚甲基蓝浓度 C_0 / (mg·L^{-1})	吸附平衡后亚甲基蓝浓度 C / (mg·L^{-1})	$\log C$	吸附剂投加量 M/mg	$\dfrac{V(C_0-C)}{M}$ / (mg·g^{-1})	$\log \dfrac{V(C_0-C)}{M}$

六、实验结果整理

（1）以 $\log \dfrac{V(C_0-C)}{M}$ 为纵坐标、$\log C$ 为横坐标，绘制 Freundich 吸附等温线，同时以 $\dfrac{1}{q}$ 为纵坐标、$\dfrac{1}{C}$ 为横坐标绘制 Langmuir 吸附等温线。

（2）从 Freundich 吸附等温线上求出 K、$\dfrac{1}{n}$ 值。

七、问题讨论

（1）你认为本实验的吸附难易程度如何？为什么？

（2）所得实验数据，除可用 Freundich 经验公式描述外，是否符合 Langmuir 吸附等温式？为什么？

实验四 微滤—超滤

在现代废水处理中，深度处理及中水回用是一个重要的发展趋向，且已越来越多地得到规模化的工业应用。其中用得最多的也是必不可少的一项技术就是膜处理。膜处理包括微滤超滤、反渗透、渗析、电渗析等，而微滤—超滤是膜处理中首先采用的方法，尤其是超滤与生物处理结合而成的膜生物反应器（Membrane Biological Reactor，MBR），近年来，在工业废水及城市污水的深度处理中，得到越来越广泛的工业化应用；同时，微滤—超滤与反渗透相结合，也在废水深度处理、中水回用及给水处理中得到越来越广泛的应用，技术也越来越成熟。因此，很有必要让学生掌握微滤—超滤的操作，进一步掌握微滤—超滤工艺的控制参数及其过程。

一、实验目的

（1）了解微滤—超滤的原理。

（2）掌握超滤的操作过程。

二、实验原理

膜分离法是利用特殊的薄膜，对液体中的某些成分进行选择性透过的方法的统称。膜分离的作用机理往往用膜孔径的大小作为模型来解释。

超滤又称为超过滤，属于膜分离方法之一，是一种目前应用日益广泛的废（污）水特别是工业废水处理方法。其原理主要是在加压的情况下通过膜材料的机械隔滤作用，将水中的极细微粒或者水中的大分子物质从水中分离出来，其过滤粒径范围最粗孔可选 $1~\mu m$，最细孔为 $30Å$，一般应用的超过滤的孔径为 $30 \sim 500~Å$。

微滤又称微过滤，其原理与超滤相同，一般微滤管的过滤范围为 $0.5~\mu m \sim 0.1~mm$。由于微滤膜的孔径范围正好在超滤孔隙范围之上，故在实际工艺中微滤可作为超滤及其他更精细的膜分离过程的必不可少的保护性准备作业。

三、实验设备

（1）本实验装置由2（或4）根管式微滤器和2（或4）根管式超滤器集成，所用的施压设备为一种高扬程自吸式单相水泵，两者由不锈钢支架集成在一起，形成一体化实验设备。

①微滤器。外管为 $\phi 42 \times 280$（mm）不锈钢管套；微滤膜为 $\phi 30 \times 250$（mm）。

②超滤器。外管为 $\phi 32 \times 280$（mm）不锈钢管套；超滤膜为 $\phi 23 \times 260$（mm）。

③水泵。扬程为 50 m，流量为 2.2 t/h。上吸方式：自吸式电机电压为 220 V（单相），电机功率为 0.75 kW。

（2）微滤、超滤管每根管上、下都有三通及取样阀，因此它们之间可以通过软管方便地连接成为各种所需的工艺形式。

①单一间歇式微滤—超滤流程。

该实验仅用其中的一组管完成，系统流程图如图5-4所示。

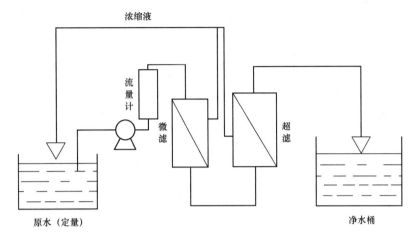

图5-4　单一间歇式微滤—超滤流程

本流程方案的特点：对定量原水处理完毕为止，形成批量处理方式。

②并联间歇式微滤—超滤流程（图5-5）。

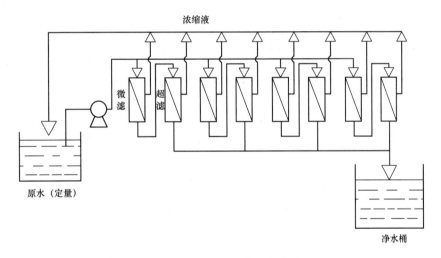

图5-5　并联间歇式微滤—超滤流程

本流程方案的特点：由2~4组微滤—超滤所组成的串联组合作用并联工作。

③间歇式并联微滤—并联超滤流程（图5-6）。

④串联微滤—超滤流程（图5-7）。首先必须指出的是，由于泵压有限，故串联级数总数不宜超过三级。

⑤单一超滤流程（图5-8）。

（3）量筒、秒表、卷尺。

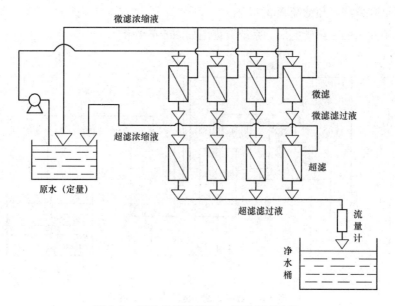

图 5-6　间歇式并联微滤—并联超滤流程

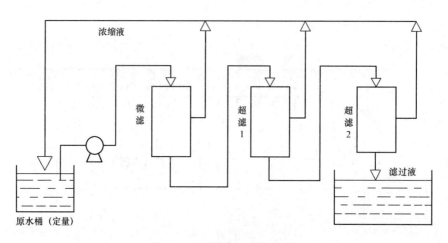

图 5-7　串联微滤—超滤流程

四、实验步骤

以间歇式处理为例：

（1）选定流程方案，进行硬件搭接。搭接中注意软管必须牢固连接在嘴上，以免被水压冲脱。

（2）往原水桶中注入定量原水。注意：为了保证微滤—超滤的正常运行，原水入桶前必须加 0.6 mm 不锈钢筛网加以粗滤，消除浮渣。

（3）打开水泵灌水孔盖，往里注满清水，然后盖紧孔盖。

（4）启动水泵，同时计时。

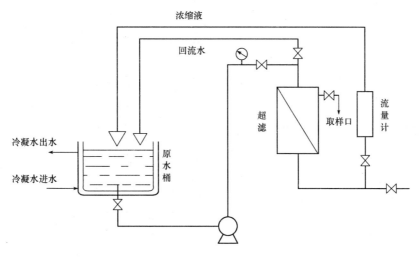

图5-8　单一超滤流程

（5）当水泵吸水管靠近原水桶底时，定量原水几乎可以在一定时间内被抽尽。抽尽后即停泵。从定量水和处理时间即可得到处理流量及可计算各管内流速（各管管壳及滤棒直径已知，各管容积已知）。

注意：实验装置配有一个16 L/h流量计，仅在单一间歇流程中使用，其主流程因考虑组合管的阻力较大，故不连接该流量计以免造成附加压降影响处理效果，而处理流量及管内流速用介绍的方法可以计算。

（6）取处理后的水样进行水质分析，并与原水样对比以评判处理效果。水样分析方法依据具体废水情况自行设计。

（7）若本装置实验后将很长时间不用，应在原水桶中加入自来水，运行数分钟加以内部清洗以及反冲洗。

（8）由于在一般情况下，实验运行时间有限，因此，运行中不考虑反冲洗问题。但在实验结束后应对设备进行正、反冲洗。正冲洗即将自来水加入原水桶，水管连接按照原流程结构；反冲洗即将水泵出口与微滤—超滤器出水管相连，让清水反方向从滤棒中流过使堵塞物被冲脱。正、反冲洗至少各一次。

五、实验记录

$$膜管流速 = \frac{进入膜管的总流量}{通道个数 \times 每个通道截面面积}$$

$$膜通量 = \frac{渗透液流量}{过滤面积}$$

过滤面积 = 通道个数 × π × 通道直径 × 膜管长度

将实验数据填入表5-5和表5-6中。

表 5-5　膜清水通量的测定

实验日期：　　　　　　水温（℃）：　　　　　　操作压力（MPa）：　　　　　　膜管流速（m/s）：

项目 ╲ 膜孔径/μm		0.05	0.5	0.8
膜管长度/mm				
通道个数				
通道直径/mm				
每个通道截面面积/m²				
过滤面积/m²				
渗透液流量 /（mL·min⁻¹）	5 min			
	10 min			
	15 min			
	20 min			
	25 min			
	30 min			
平均膜通量/（m³·m⁻²·h⁻¹）				

表 5-6　操作压力对膜过滤的影响

实验日期：　　　　　　水温（℃）：　　　　　　膜孔径（μm）：　　　　　　膜管流速（m/s）：

流量 ╲ 操作压力/MPa		$P_1 =$	$P_2 =$	$P_3 =$
渗透液流量 /（mL·min⁻¹）	5 min			
	10 min			
	15 min			
	20 min			
	30 min			
	45 min			
	60 min			
	90 min			
	120 min			

六、实验结果整理

（1）根据表 5-5 计算出膜的清水通量。

（2）根据表 5-6 以时间为横坐标、膜通量为纵坐标，绘制出不同压力下膜通量随时间的变化曲线。

（3）根据所绘图说明操作压力对膜过滤过程的影响。

七、问题讨论

（1）影响膜过滤通量的因素有哪些？

（2）你认为膜分离法用于废水处理有何优点、缺点？目前限制其广泛应用的主要因素是什么？怎样加以控制？

实验五　旋转挂片腐蚀实验

在油田污水或炼油设备冷凝水中都存在设备腐蚀问题，在工业循环冷却水中腐蚀是其三大危害（腐蚀、结垢、菌藻滋生）之一。因此，在工业水处理中，判断设备的腐蚀及进行腐蚀失重实验，是一项非常重要的技能。通过挂片腐蚀实验，可以判断材料的腐蚀情况，掌握腐蚀率及缓蚀率的测定方法等。

一、实验目的

（1）掌握用旋转挂片测定水处理剂缓蚀性能的实验方法。

（2）学会测定腐蚀率和缓蚀率。

二、实验原理

旋转挂片腐蚀实验方法是在实验室给定条件下，用试片的质量损失计算出腐蚀率和缓蚀率来评定水处理剂的缓蚀性能。

三、实验试剂和设备

1. 试剂和溶液

在实验测定方法中，除特殊规定外，应使用分析纯试剂和蒸馏水或同等纯度的水。

（1）石油醚；

（2）无水乙醇；

（3）盐酸溶液：1 + 3 溶液（按体积比）折合盐酸浓度约 10.8%；

（4）氢氧化钠溶液：60 g/L；

（5）酸洗溶液：1 000 mL 上述（3）的盐酸溶液中，加入 10 g 六次甲基四胺，溶解后，混匀，折合乌洛托品含量约 1%，本酸洗溶液适用于碳钢试片。

2. 实验仪器

（1）实验装置（图 5-9）。实验装置必须符合以下要求：

①水浴温度控制范围为 30 ℃ ~ 60 ℃，精度为 ±3%；

②旋转轴转速为 75 ~ 150 r/min，精度为 ±3%；

③旋转轴、试片固定装置试杯须用电绝缘材料制作；

④能连续运行 200 h 以上。

（2）试片（HG/T 3523），A3 钢。根据实际需要也可选用其他材质的试片。

3. 实验条件

（1）试液温度为 40 ℃ ±1 ℃。根据实际需要也可选用其他温度。

（2）试片线速度为（0.35 ±0.02）m/s，对应转速为 75 r/min。根据实际需要也可选用其他

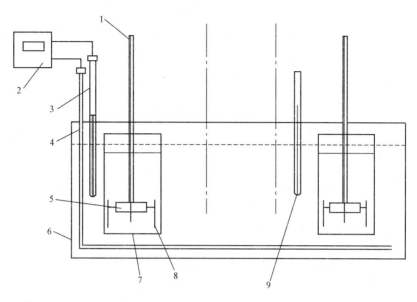

1—旋转轴；2—控温仪；3—测温控头；4—电加热器；5—试片固定装置；

6—恒温水浴；7—试杯；8—试片；9—温度计。

图5-9　挂片腐蚀实验装置

速度（0.30~0.50 m/s）。

（3）试液体积与试片面积比为30 mL/cm²。根据实际需要也可选用其他比值（20~40 mL/cm²）。

（4）试片上端与试液面的距离应大于2 cm。试片下端与杯底的距离约为1 cm。

（5）重复实验数目：对每个实验条件，应有4~6片相同的试片进行重复实验。

（6）实验周期为72~96 h。根据实际需要也可适当延长。

四、实验步骤

（1）将旧试片打磨，经指导教师认可合格后，分别在正己烷（或石油醚）和无水乙醇中用脱脂棉擦洗（每10片试片用50 mL上述试剂），用滤纸吸干，置干燥器中4 h以上，称量，精确到0.001 g，保存在玻璃干燥器中，待用。

（2）按实验要求，配制好水处理剂储备液。储备液浓度一般为运转浓度的100倍左右。储备液应在当天或前一天配制。

（3）按实验要求，准备好实验用水。实验用水可为现场水、配制水或推荐的标准配制水（见附录A）。

（4）在试杯中加入水处理剂储备液，精确到0.01 mL，加实验用水到一定体积，混匀后即可试验。在试杯外壁与液面同一水平处画上刻线。将试杯置于恒温水浴中。

（5）待试液达到指定温度时，挂入试片，启动电动机，使试片按一定旋转速度转动，并开始计时。

（6）试杯不加盖，令试液自然蒸发，每隔4 h补加水一次，使液面保持在刻线处。

（7）在实验过程中，根据实际需要可更换试液。

（8）当运转时间达到指定值时，停止试片转动，取出试片并进行外观观察。

（9）同时，做未加水处理剂的空白实验。

（10）将试片用毛刷刷洗干净，然后在酸洗溶液中浸泡 3～5 min，取出，迅速用自来水冲洗后，立即浸入氢氧化钠溶液中约 30 s，取出，用自来水冲洗，用滤纸擦拭吸干，在无水乙醇中浸泡 3 min，用滤纸吸干，置于玻璃干燥器中 4 h 以上，称量，精确到 0.001 g。

（11）对酸洗后的试片进行外观观察，若有点蚀，应测定点蚀的最大深度及单位面积上的数量。

特别注意：旋转挂台仪在接入电源调温前，须预先通水至适当水位。

五、结果的表示和计算

（1）以 mm/a 表示的腐蚀率 X_1 按式（5-7）计算：

$$X_1 = \frac{8\,760 \times W \times 10}{A \cdot D \cdot T} = \frac{87\,600\,W}{A \cdot D \cdot T} \tag{5-7}$$

式中　W——试片的质量损失（g）；

　　　A——试片的表面积（cm²）；

　　　D——试片的密度（g/cm³），其中，A3 钢：7.85 g/cm³；黄铜：8.65 g/cm³；铜：8.94 g/cm³；不锈钢：7.92 g/cm³；

　　　T——试片的实验时间（h）；

　　　8 760——与 1 年相当的小时数（h/a）；

　　　10——与 1 cm 相当的毫米数（mm/cm）。

（2）以质量百分数表示的缓蚀率 X_2 按式（5-8）计算：

$$X_2 = \frac{X_0 - X_1}{X_0} \times 100 \tag{5-8}$$

式中　X_0——试片在未加水处理剂空白实验中的腐蚀率（mm/a）；

　　　X_1——试片在加水处理剂实验中的腐蚀率（mm/a）。

（3）精密度。取三片以上试片平行测定结果的算术平均值作为测定结果，平行测定结果（试片的质量损失）的偏差不超过算术平均值的 ±10%。

六、实验结果

实验记录见表 5-7。

表 5-7　挂片腐蚀情况记录表

项目	内容	备注
试片材质		
试片的表面积/cm²		

续表

项目	内容	备注
实验用水水质		
水处理剂名称		
水处理剂用量/（mg·L^{-1}）		
试液体积与试片面积比/（mL·cm^{-2}）		
试液 pH 值		
试液温度/℃		
试片线速度/（m·s^{-1}）		
实验周期/h		
腐蚀率/（mm·a^{-1}）		
缓蚀率/%		
试片外观		
试液外观		

七、问题讨论

按照本实验，水处理浓缩倍数是多少？若要按浓缩倍数为3来设计实验方案，其中补充水加入方式及其量该如何调整？

第六章

水污染控制生物处理法实验

实验一　废水好氧可生物降解性测定

在工业废水处理中，废水进行生物处理的一个最基本前提，就是废水的可生化性。废水好氧可生化性测定方法有 BOD_5/COD_{cr} 的比值测定法和华勃氏呼吸仪测定法等。BOD_5/COD_{cr} 的比值测定法是用 BOD_5/COD_{cr} 的比值来判定废水好氧可生化性。对于工业废水，当 $BOD_5/COD_{cr} > 0.45$ 时，废水好氧可生化性优越；当 BOD_5/COD_{cr} 的比值在 $0.3 \sim 0.45$ 时，属于可以生化；当 BOD_5/COD_{cr} 的比值在 $0.2 \sim 0.3$ 时，废水比较难生化；当 $BOD_5/COD_{cr} < 0.2$ 时，则废水一般不宜采用生化处理。但 BOD_5/COD_{cr} 的比值测定法有很大的局限性，对于高浓度有机废水尤其是含有毒物质的高浓度有机废水，BOD_5/COD_{cr} 的比值测定法测定误差比较大，这时，采用华勃氏呼吸仪测定法，就具有较大的优越性。

一、实验目的

（1）熟悉华勃氏呼吸仪的基本构造及操作方法。
（2）理解内源呼吸及生化呼吸线的基本含义。
（3）分析不同浓度的含酚废水的生物降解性能及生物毒性。

二、实验原理

工业废水中含有各种污染物，有的不容易被微生物降解，有的对微生物有毒害作用。为了合理地选择废水处理方法，或是为了确定进入生化处理构筑物的有毒物质的容许浓度，都要考察废水生物处理的可能性。

对于不同种类或不同浓度的废水来说，微生物在氧的吸收率方面的反应是不同的：微生物处于内源呼吸阶段时，耗氧的速率恒定不变；微生物与有机物接触后，其呼吸耗氧的特性反映了有机物被氧化分解的规律。一般耗氧量大，耗氧速率高，即说明该有机物易被微生物降解；反之，不易被微生物降解。

测定不同时间的内源呼吸耗氧量及与有机物接触后的生化呼吸耗氧量，可得内源呼吸线和生化呼吸线，通过比较即可判定废水的可生化性。

当生化呼吸线位于内源呼吸线之上时，废水中有机物一般是可以被微生物氧化分解的；当生化呼吸线与内源呼吸线重合时，有机物可能是不能被微生物降解的，但它对微生物的生命活动尚无抑制作用；当生化呼吸线位于内源呼吸线之下时，有机物对微生物的生命活动产生了明显的抑制作用。

华勃氏呼吸仪的工作原理：在恒温及不断搅拌的条件下，使一定量经过驯化的菌种与废水在定容的反应瓶中接触反应，随着微生物利用废水中有机物的进行，微生物耗氧将使反应瓶中氧的分压降低（释放的二氧化碳用氢氧化钾液吸收），测定分压的变化（压差），即可推算出消耗的氧量，作出不同反应时间与累计氧吸收值的关系曲线。

也可用一组间歇的生物反应器（实验室规模）来进行废水的可生化性实验。将驯化的菌种加到一组间歇反应器，然后将不同实验浓度的同一废水或不同来源的废水分别加到每一个反应器，投加的体积与流量成正比。混合液曝气 2~3 d，用去除的 COD 或 BOD 做指标来比较，说明废水是否对生物有毒性或达到抑制生物的限值。

本实验使用华勃氏呼吸仪估计废水的可生化性。

三、实验装置及试剂

（1）华勃氏呼吸仪一台（图 6-1）。

（2）离心机一台。

（3）活性污泥培养及驯化装置一套。

（4）测酚装置一套。

（5）试剂：苯酚、硫酸铵、磷酸氢二钾、碳酸氢钠、氯化铁、模拟含酚废水 Brodie 溶液（自配）、氢氧化钾等。

四、实验步骤

（1）活性污泥的培养、驯化及预处理。

①取已建污水厂活性污泥或带菌土壤为菌种，在间歇式培养瓶中以含酚废水为营养，曝气或搅拌，以培养活性污泥。

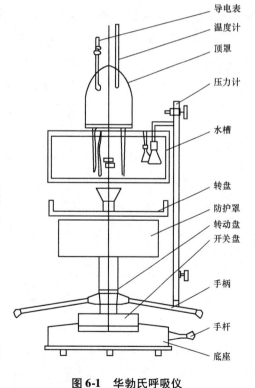

导电表
温度计
顶罩
压力计
水槽
转盘
防护罩
转动盘
开关盘
手柄
手杆
底座

图 6-1　华勃氏呼吸仪

②每天停止曝气 1 h，沉淀后去除上清液，加入新鲜含酚合成废水，并逐步提高含酚浓度，达到驯化活性污泥的目的。

③当活性污泥数量足够，且对酚具有相当的去除能力后，即认为活性污泥培养和驯化已经

完成。停止投加营养空曝 24 h，使活性污泥处于内源呼吸阶段。

④取上述活性污泥在 3 000 r/min 的离心机上离心 10 min，倾去上清液，加入蒸馏水洗涤，在电磁搅拌器上搅拌均匀后再离心，反复 3 次。用 pH 值 = 7 的磷酸盐缓冲液稀释，配制成所需浓度的活性污泥悬浊液。因需要时间较长，此步骤由指导教师准备。

（2）含酚合成废水的配制。按表 6-1 配制五种不同浓度的含酚合成废水。

表 6-1　不同浓度的含酚合成废水

药剂　　　　　试样号	1 号	2 号	3 号	4 号	5 号
苯酚/（mg·L^{-1}）	75	150	450	750	1 500
NaHCO$_3$/（mg·L^{-1}）	75	150	450	750	1 500
（NH$_4$）$_2$SO$_4$/（mg·L^{-1}）	22	44	130	217	435
K$_2$HPO$_4$/（mg·L^{-1}）	5	10	30	51	102
FeCl$_3$/（mg·L^{-1}）	10	10	10	10	10

（3）取清洁干燥的反应瓶及测压管 14 套，测压管中装好 Brodie 溶液备用。向反应瓶中按表 6-2 加入各种溶液。需要注意以下几项：

①应先向中央小杯中加入 10% KOH 溶液，并将折成褶皱状的滤纸放在杯口，以扩大对 CO$_2$ 的吸收面积，但不得使 KOH 溶液溢出中央小杯之外。

②加入活性污泥悬浮液及合成废水的动作应尽可能迅速，使各反应瓶开始反应的时间不至于相差太多。

表 6-2　生化反应液的配制

反应瓶编号	反应瓶内液体体积/mL							中央小杯 10% KOH 溶液体积/mL	液体总体积/mL	备注
	蒸馏水	活性污泥悬浮液	合成废水							
			75 mg/L	150 mg/L	450 mg/L	750 mg/L	1 500 mg/L			
1，2	3							0.2	3.2	温度压力对照
3，4	2							0.2	3.2	内源呼吸
5，6		1	2					0.2	3.2	
7，8		1		2				0.2	3.2	
9，10		1			2			0.2	3.2	
11，12		1				2		0.2	3.2	
13，14		1					2	0.2	3.2	

（4）在测压管磨砂接头上涂上羊毛脂，塞入反应瓶瓶口中，以牛筋或橡皮筋拉紧使之密封，然后放入华勃氏呼吸仪的恒温水槽中（水温预先调好至 20 ℃），使测压管闭管与大气相通，振摇 5 min，使反应瓶内温度与水浴一致。

（5）调节各测压管闭管中检压液的液面至刻度 150 mm 处，然后迅速关闭各管顶部的三通，使之与大气隔离，记录各测压管中检压液的液面读数（此值应在 150 mm 附近），再打开呼吸仪振摇开关，此时刻为呼吸耗氧实验的开始时刻。

（6）在开始实验后的 0 h、0.25 h、0.5 h、1.0 h、2.0 h、3.0 h、4.0 h、5.0 h、6.0 h，关闭振摇开关，调整各测压管闭管液面至刻度 150 mm 处，并记录开管液面读数于表 6-3 中。

需要注意的是，读数及记录操作应尽可能迅速，作为温度及压力对照的 2、1 两管应分别在第一个及最后一个读数，以修正操作时间的影响（从测压管 2 开始读数，然后 3、4、5……最后是测压管 1）读数，记录全部操作完成之后，即迅速开启振摇开关，实验继续进行。待测压管读数降至刻度 50 mm 以下时，需要开启闭管顶部三通放气，再将闭管液位调至刻度 150 mm 处，并记录此时开管液位高度。

（7）停止实验后，取下反应瓶及测压管，擦净瓶口及磨塞上的羊毛脂，倒去反应瓶中液体，用清水冲洗后置于皂水中煮沸，再用清水冲洗后以洗液浸泡过夜，洗净后置于 55 ℃烘箱内烘干后备用。

五、实验记录及结果整理

（1）根据实验中记录下的测压管读数（液面高度）计算耗氧量，主要计算方法见式（6-1）~ 式（6-3）。

$$\Delta h_i = \Delta h'_i - \Delta h \qquad (6-1)$$

式中　Δh_i——各测压计算的 Brodie 溶液液面高度变化值（mm）；

　　　Δh——温度压力对照管中 Brodie 溶液液面高度变化值（mm）；

　　　$\Delta h'_i$——各测压管实验的 Brodie 溶液液面高度变化值（mm）。

$$X'_i = K_i \Delta h_i \qquad (6-2)$$

或　　　　　　　　　　$$X_i = 1.429 K_i \Delta h_i$$

式中　X'_i、X_i——各反应瓶不同时间的耗氧量，分别以 μL 及 mg 表示；

　　　K_i——各反应瓶的体积常数（由指导教师事先测得，测定及计算方法略）；

　　　1.429——氧的密度（g/L）。

$$G_i = \frac{X_i}{S_i} \qquad (6-3)$$

式中　G_i——各反应瓶不同时刻单位质量活性污泥的耗氧量（mg/g）；

　　　S_i——各反应瓶中的活性污泥质量（mg）。

（2）上述计算宜列表进行，表格形式见表 6-4。

（3）以时间为横坐标、G_i 为纵坐标，在同一图上绘制内源呼吸线及不同浓度的含酚合成废水的生化呼吸线，比较分析含酚浓度对生化呼吸过程的影响及生化处理可允许的含酚浓度。

六、问题讨论

（1）你认为利用华勃氏呼吸仪测定废水可生化性是否可靠？有何局限性？

（2）你在实验过程中曾发现哪些异常现象？试分析其原因并列出解决方法。

（3）了解其他测定可生化性的方法。

表 6-3 实验基本条件及记录表

项目	反应瓶编号	合成废水投量/mL	污泥悬浮液量/mL	污泥量 S_i/mg	测压管读数及 Δh_i 值	记录 时间/h — 0	0.25	0.5	1	2	3	4	5	6	7	预处理条件
温压计		0	0		压力计读数 Δh_1											
					压力差 Δh_1											
		0	0		压力计读数 Δh_2											
					压力差 Δh_2											
					温压计平均数 $\Delta h_i = \dfrac{\Delta h_1 + \Delta h_2}{2}$											
内源呼吸		0	1		压力计读数											
					压力差 $\Delta h'_i$											
					实际压力差 Δh_i											
		0	1		压力计读数											
					压力差 $\Delta h'_i$											
					实际压力差 Δh_i											
不同生化反应液的生化呼吸		2	1		压力计读数											
					压力差 $\Delta h'_i$											
					实际压力差 Δh_i											
		2	1		压力计读数											
					压力差 $\Delta h'_i$											
					实际压力差 Δh_i											

续表

项目	反应瓶编号	合成废水投量/mL	污泥悬浮液量/mL	污泥量 S_i/mg	测压管读数及 Δh_i 值	记录										预处理条件
						时间/h										
						0	0.25	0.5	1	2	3	4	5	6	7	
不同生化反应液的生化呼吸		2	1		压力计读数											
					压力差 $\Delta h_i'$											
					实际压力差 Δh_i											
		2	1		压力计读数											
					压力差 $\Delta h_i'$											
					实际压力差 Δh_i											
		2	1		压力计读数											
					压力差 $\Delta h_i'$											
					实际压力差 Δh_i											
		2	1		压力计读数											
					压力差 $\Delta h_i'$											
					实际压力差 Δh_i											
		2	1		压力计读数											
					压力差 $\Delta h_i'$											
					实际压力差 Δh_i											
		2	1		压力计读数											
					压力差 $\Delta h_i'$											
					实际压力差 Δh_i											
		2	1		压力计读数											
					压力差 $\Delta h_i'$											
					实际压力差 Δh_i											

表 6-4　实验计算表

实验日期　　年　月　日　　　计算项目

项目	反应瓶编号	$K_i \times 1.429$	污泥量 S_i/mg	计算	0.25	0.5	1	2	3	4	5	6	7	$\sum \Delta h_i$			
内源呼吸				Δh_i/mm													
				X_i													
				G_i													
				$\sum G_i$													
不同生化反应液的生化呼吸				Δh_i/mm													
				X_i													
				G_i													
				$\sum G_i$													
				Δh_i/mm													
				X_i													
				G_i													
				$\sum G_i$													
				Δh_i/mm													
				X_i													
				G_i													
				$\sum G_i$													
				Δh_i/mm													
				X_i													
				G_i													
				$\sum G_i$													

时间/h

续表

项目	反应瓶编号	$K_i \times 1.429$	污泥量 S_i/mg	计算	时间/h									$\sum \Delta h_i$	计算项目				
					0.25	0.5	1	2	3	4	5	6	7						
不同生化反应液的生化呼吸				Δh_i/mm															
				X_i															
				G_i															
				$\sum G_i$															
				Δh_i/mm															
				X_i															
				G_i															
				$\sum G_i$															
				Δh_i/mm															
				X_i															
				G_i															
				$\sum G_i$															
				Δh_i/mm															
				X_i															
				G_i															
				$\sum G_i$															
				Δh_i/mm															
				X_i															
				G_i															
				$\sum G_i$															

实验二 废水厌氧可生物降解性测定

废水可生化性在废水生物处理中是一个非常重要的概念。BOD_5/COD_{cr}的比值测定法和华勃氏呼吸仪测定法等反映的是废水好氧可生物降解性，而废水厌氧可生物降解性要通过废水的产甲烷活性进行测定。

废水厌氧生物处理技术以其运行费用低、处理过程产生的剩余污泥少、污泥处置的设备小、可回收燃气资源等优点而受到广泛的应用。但在工程实践中，并不是所有的有机废水都适宜采用厌氧生物处理技术，因此，在确定是否采用厌氧生物处理技术之前，了解该废水的厌氧可生物降解性是非常必要的。

一、实验目的

（1）了解和掌握废水厌氧可生物降解性实验方法。
（2）分析葡萄糖和苯酚的厌氧可生物降解性及生物抑制性。

二、实验原理

废水厌氧生物处理技术原理是利用厌氧微生物在厌氧条件下（没有分子氧、硝酸盐和硫酸盐）将废水中的有机污染物（底物或基质）转化为甲烷和二氧化碳。表征废水厌氧生物处理程度的指标之一就是废水厌氧可生物降解性。通过累积产气量多少的测定可直接进行判断（图 6-2）。

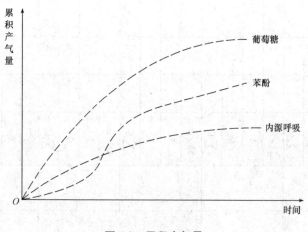

图 6-2　累积产气量

由图 6-2 可以看出，葡萄糖由于能被厌氧微生物利用，因此，产气量大于对照组（内源呼吸），且葡萄糖浓度越高，累积产气量越多；而对于苯酚，微生物在起始阶段存在着适应和驯化，累积产气量较少，当微生物适应后，产气量逐渐增加，直至完全降解。苯酚浓度越高，适应时间越长，则最终累积产气量越大，当苯酚浓度太大时，则微生物被完全抑制，累积产气量将小于内源呼吸，甚至不产气。因此，根据累积产气量曲线的形状也可判断微生物对基质的适应时间及快慢。

三、实验装置及试剂

（1）废水发酵实验装置，如图6-3所示；

（2）血清瓶（可用盐水瓶代替）；

（3）COD和苯酚测定装置；

（4）葡萄糖、苯酚、碳酸氢钠、磷酸氢二钾等；

（5）厌氧污泥。

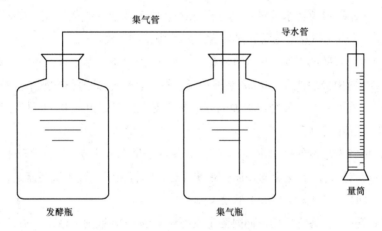

图6-3　废水发酵实验装置

四、实验步骤

（1）含酚废水的配制：用脱氧蒸馏水配制五种不同浓度的含酚合成废水，见表6-5。

表6-5　不同浓度的含酚合成废水

试样号 药剂	1号	2号	3号	4号	5号
苯酚/（mg·L^{-1}）	75	150	450	750	1 500
COD/（mg·L^{-1}）	157.5	315	945	1 575	3 150
NaHCO$_3$/（mg·L^{-1}）	75	150	450	750	1 500
（NH$_4$）$_2$SO$_4$/（mg·L^{-1}）	22	44	130	217	435
K$_2$HPO$_4$/（mg·L^{-1}）	5	10	30	51	102
FeCl$_3$/（mg·L^{-1}）	10	10	10	10	10

（2）葡萄糖废水的配制：用脱氧蒸馏水配制五种不同浓度的含葡萄糖废水，见表6-6。

表6-6　不同浓度的含葡萄糖废水配制表

葡萄糖/（mg·L^{-1}）	75	150	450	750	1 500
COD/（mg·L^{-1}）	80	160	480	800	1 600
NaHCO$_3$/（mg·L^{-1}）	75	150	450	750	1 500
（NH$_4$）$_2$SO$_4$/（mg·L^{-1}）	22	44	130	217	435
K$_2$HPO$_4$/（mg·L^{-1}）	5	10	30	51	102
FeCl$_3$/（mg·L^{-1}）	10	10	10	10	10

（3）接种污泥：取城市污水处理厂消化污泥或其他工业废水厌氧处理系统的污泥，经筛选（<20目）后测定VSS（挥发性悬浮固体）含量，作为接种污泥。

（4）在恒温室，安装如图6-3所示的装置11套，检查管路是否密封，并编号待用。

（5）在各发酵瓶中分别加入250 mL接种污泥。然后，在1～5号发酵瓶中分别加入五种葡萄糖废水各250 mL；在6～10号发酵瓶中加入五种含酚废水各250 mL；在11号发酵瓶中加入脱氧蒸馏水，密封放入恒温室中。

（6）每日计量各发酵瓶的排水量（产气量），并将结果记入表6-7中。集气瓶中的水随着产气量的增加将逐渐减少，因而应定期补加。有条件时，应将发酵瓶置于振荡器上，使基质与污泥充分混合；无条件时，应每天定时人工摇动发酵瓶2～4次。

（7）待产气停止时，终止实验，同时测定发酵瓶中的COD或酚的浓度，通常为30 d左右。

五、实验记录及结果整理

（1）将每天的产气量记入表6-7中。

表6-7　产气量记录表

项目		葡萄糖					苯酚				
投加浓度/（mg·L^{-1}）	0		150		300		…	150		300		…
时间/d	日产气量	累积产气量	日产气量	累积产气量	日产气量	累积产气量	…	日产气量	累积产气量	日产气量	累积产气量	…
1												
2												
3												
…												

（2）以时间为横坐标、累积产气量为纵坐标，绘制出内源呼吸及各种不同投加浓度下的葡萄糖和苯酚的累积产气量曲线。

（3）依据产气量曲线分析，判断苯酚的可降解特性。

六、问题讨论

（1）实验在恒温室中（或恒温水浴中）进行，为什么需要维持反应温度为 33 ℃ ~ 35 ℃？

（2）在实验过程中，需要注意实验装置，尤其是发酵瓶的密封，否则数据将产生很大误差，这是为什么？

实验三　活性污泥评价指标的测定

活性污泥法中起到净化作用的主要是活性污泥。评价活性污泥优劣最主要的指标是污泥体积指数（SVI）。怎样判断生化处理活性污泥的好坏呢？一般先要判断 SVI 值是否落在 50～150 的正常范围。SVI（污泥体积指数）及 SV（污泥沉降比）是生化处理现场运行很重要的参数，所以，很有必要让学生掌握 SVI 及 SV 的测定，为将来进行工程设计或污水处理运行管理打下基础。

一、实验目的

（1）加深对活性污泥性能，特别是污泥活性的理解。

（2）掌握表征活性污泥沉淀性能的指标——污泥沉降比和污泥体积指数的测定和计算。

（3）掌握污泥沉降比、污泥体积指数和污泥浓度三者之间的关系。

二、实验原理

活性污泥是人工培养的生物絮凝体，是由好氧微生物及其吸附的有机物组成的。活性污泥具有吸附和分解废水中有机物质（也有些可利用无机物质）的能力，显示出生物化学活性，在生物处理废水的设备运转管理中，除用显微镜观察外，下面几项污泥性质是经常需要测定的，这些指标反映了污泥活性，它们与剩余污泥排放量及处理效果等都有密切的关系。其中，二次沉淀池是活性污泥系统的重要组成部分。二次沉淀池的运行状态，直接影响处理系统的出水质量和回流污泥的浓度。实践表明，出水的 BOD 中有相当一部分是由于出水中悬浮物引起的，在二次沉淀池构造合理的条件下，影响二次沉淀池沉淀效果的主要因素是混合液污泥的沉降情况。活性污泥的沉降性能用污泥沉降比和污泥体积指数来表示。污泥沉降比（SV）为曝气池出水的混合液在 1 000 mL 的量筒中静置沉淀 30 min 后，沉淀后的污泥体积和混合液的体积（1 000 mL）的比值（%）；污泥体积指数（SVI）为曝气池出口处混合液经 30 min 静沉后，1 g 干污泥所占的容积（以 mL 计），见式（6-4）。

$$SVI = \frac{混合液静沉 30 \ min \ 后污泥体积（mL/L）}{污泥干质量（g/L）} = \frac{SV \times 10}{MLSS} \ (mL/g) \qquad (6-4)$$

三、实验设备

（1）1 000 mL 量筒 4 个；

（2）真空抽滤装置 1 套；

（3）虹吸管、吸球等提取污泥的器具，秒表 1 块；

（4）烘箱、分析天平、坩埚；

（5）500 mL 烧杯 2 个。

四、实验步骤

（1）污泥沉降比（SV）的测定方法：

①将虹吸管吸入口放到曝气池的出口处，用吸球将曝气池的混合液吸出，并形成虹吸。

②通过虹吸管将混合液置于1 000 mL量筒中，至1 000 mL刻度处，并从此时开始计算沉淀时间。

③将装有污泥的1 000 mL量筒静置，观察活性污泥絮凝和沉淀的过程与特点，在第30 min时记录污泥界面以下的污泥容积。

（2）污泥浓度（MLSS）是指单位体积的曝气池混合液中所含污泥的干质量，实际上是指混合液悬浮固体的单位体积质量，单位为g/L。

①测定方法。

a. 将滤纸放在105 ℃烘箱或水分快速测定仪中干燥至恒重，称重并记录（W_1）。

b. 将滤纸剪好平铺在布氏漏斗上（剪掉的部分滤纸不要丢掉）。

c. 将测定过沉降比的1 000 mL量筒内的污泥全部倒入漏斗中，过滤（用水冲净量筒，并将水倒入漏斗中）。

d. 将载有污泥的滤纸移入烘箱（105 ℃）或水分快速测定仪中烘干至恒重，连同剪掉的部分滤纸一并称重并记录（W_2）。

②计算。

$$污泥浓度 \text{MLSS}（\text{g/L}）= W_2 - W_1$$

（3）污泥体积指数（SVI）计算方法见式（6-5）。

$$\text{SVI} = \frac{\text{SV} \times 10}{\text{MLSS}}（\text{mL/g}） \tag{6-5}$$

SVI值能较好地反映出活性污泥的松散程度（活性）和凝聚、沉淀性能。

以城市生活污水为主的城市污水处理中，SVI值以70～100为宜。一般认为：SVI值<50污泥活性差，无机物多，污泥细而紧密，易于沉降；SVI值在100左右污泥沉降性能良好；SVI值>200污泥松散，含水率高，沉降性能差，可能发生污泥膨胀。

正常情况下，城市污水SVI值为50～150。另外，SVI值的大小还与水质有关：当工业废水中溶解性有机物含量高时，正常的SVI值高；当无机物含量高时，正常的SVI值可能偏低。影响SVI值的因素还有温度、污泥负荷等。从微生物组成方面看，活性污泥中固着型纤毛类原生动物（如钟虫、纤虫等）和菌胶团细菌占优势时，吸附氧化能力较强，出水有机物浓度较低，污泥比较容易凝聚，相应的SVI值也较低。

五、数据与结果统计

活性污泥性能测定表见表6-8。

表 6-8　活性污泥性能测定表

项目	W_1/mg	W_2/mg	$W_2 - W_1$/mg	SV/%	MLSS/ ($mg \cdot L^{-1}$)	SVI/ ($mL \cdot g^{-1}$)
一						
二						
三						
平均						

六、注意事项

（1）由于实验项目多，实验前准备工作要充分，不要弄乱实验装置及试剂。

（2）仪器设备应按说明调整好，使误差减小。

七、问题讨论

（1）污泥沉降比和污泥体积指数两者有什么区别和联系？

（2）污泥体积指数测定的意义是什么？

实验四　清水充氧

在废水好氧生化处理中，氧气是废水活性污泥法处理的三大要素之一，曝气是活性污泥系统的一个重要环节，因而，增强氧的传递效率，为微生物降解有机物创造更有利的条件至关重要。工程设计人员和污水处理操作管理人员都可以通过实验测定氧转移系数，以评价曝气设备的供氧能力。通过这个实验，学生可以掌握测定曝气装置氧转移系数的方法，同时，可以进一步加深对氧传递规律的理解。

一、实验目的

（1）进一步掌握曝气装置的充氧机理。
（2）测定曝气装置的氧总转移系数 K_{La}。
（3）评价曝气装置的充氧能力或动力效率。

二、实验原理

空气中氧向水中传递的过程，一般用双膜理论来解释。当气水两相作相对运动时，气水两相接触界面的两侧分别存在着气体边界层（气膜）和水边界层（液膜）。气水膜均属层流，如图 6-4 所示。氧从气相主体内以对流扩散方式迁移到达气膜后，以分子扩散方式通过气膜和液膜，最后又以对流扩散方式转移到水流主体。由于分子扩散速率远小于对流扩散速率，所以其传质阻力主要集中在双膜上，对于难溶于水的氧来说，氧转移速率又主要取决于液膜中的分子扩散速率。根据传质原理，氧向水中传递速率与水中亏氧量及水气接触界面面积成正比，见式（6-6）。

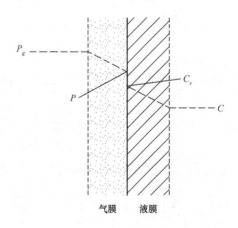

图6-4　双膜传质

$$\frac{dc}{dt} = K_L A (C_s - C)$$
$$= K_{La}(C_s - C) \tag{6-6}$$

式中　$\dfrac{\mathrm{d}c}{\mathrm{d}t}$——单位容积内氧传递速率（mg·L^{-1}·min^{-1}）；

　　　　K_L——氧传递系数（m·min^{-1}），表示单位界面面积在单位推动作用下，单位时间传递的氧量；

　　　　A——单位体积水中气水接触界面面积（m^2/m^3）；

　　　　C_s——在实验的温度和压力下，清水中饱和溶解氧浓度（mg/L），由气相氧分压通过亨利定律预测而得；

　　　　C——t 时刻水的实际溶解氧浓度（mg/L）。

由于 K_L 和 A 都难以估量，实用上将两项合并为传质系数 K_{La}（1/分），以 K_{La} 表示总的氧传递率（总阻力的倒数）。因此，当氧传递阻力较大时，K_{La} 值较小。在废水处理中影响传递速率的因素包括氧的饱和浓度、温度、废水特性和水流紊动强度等。

对式（6-6）积分，如果在 $t=0$ 时，$C_t=C_0$，得到式（6-7）：

$$\log\left(\frac{C_s-C_0}{C_s-C}\right)=\frac{K_{La}}{2.303}t \qquad (6\text{-}7)$$

式（6-7）表明，在半对数坐标图上 $\log\left(\dfrac{C_s-C_0}{C_s-C}\right)$ 与 t 之间为线性关系，其斜率为 $\dfrac{K_{La}}{2.303}$。因此，充氧量 O_2 就可用式（6-8）计算：

$$O_2=V\frac{\mathrm{d}c}{\mathrm{d}t}=K_{La}V(C_s-C_0)\times10^{-3}(\mathrm{g/min}) \qquad (6\text{-}8)$$

式中　V——液体总体积（L）；

　　　C_0——初始溶解氧浓度，对于脱氧清水，$C_0=0$。

动力效率按式（6-9）计算：

$$E=\frac{O_2}{H}\qquad[\mathrm{kg/(kW\cdot h)}] \qquad (6\text{-}9)$$

式中　H——输入功率（kW）。

评价曝气设备的性能，一般多用氧吸收率反映鼓风曝气设备的充氧能力，而用动力效率反映机械曝气设备的充氧能力。

三、实验设备及材料

（1）泵型叶轮表面曝气池（JK－280 型清水充氧实验装置），如图 6-5 所示；

（2）秒表；

（3）溶解氧测定仪；

（4）无水亚硫酸钠、氯化钴。

四、实验步骤

（1）给曝气池注入一定量（V升）的清水（一般为自来水，为清除余氯的影响，实验用水应过夜），其水量应使曝气设备能在 45 min 内将池内充氧达到 90% 饱和，进行不稳定状态的曝气实验。

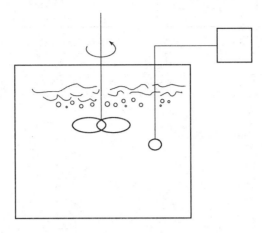

图 6-5　清水充氧实验装置（简图）

（2）测定清水溶解氧。

（3）投入还原剂亚硫酸钠及催化剂氯化钴脱氧，其化学反应见式（6-10）：

$$Na_2SO_3 + \frac{1}{2}O_2 \xrightarrow{\text{氯化钴催化}} Na_2SO_4 \tag{6-10}$$

按照这个反应，每去除 1 mg/L 的溶解氧需要投加 7.9 mg/L Na_2SO_3。根据步骤（2）测定的清水溶解氧浓度，可以估算出 Na_2SO_3 的需要量（应使用 10% ~ 20% 的超量），投入的氯化钴应足够维持池中的最低钴离子浓度 1.5 mg/L。在使用时，将化学药剂进行溶解和预先混合，然后将这种溶液直接投入曝气池曝气叶轮处，促使其迅速扩散。亚硫酸根离子与溶解氧浓度接近 0，一般需要 1 ~ 2 min。

（4）待把水中溶解氧及亚硫酸根离子全部除去后，开始计时，继续曝气，记录曝气装置的操作电压和输出电流，并用溶解氧测定仪每隔 1 min 测定 1 次溶解氧浓度，测氧探头置于水半深处。曝气至溶解氧不再明显增加为止，即认为接近饱和。将数据记入表 6-9 中。

表 6-9　清水充氧原始数据记录表

室温＿＿＿＿℃		水温＿＿＿＿℃	
水槽	直径/m	
	水深/m	
	容积/m³	
运行条件	叶轮直径/cm	
	转速/（r·min⁻¹）	
	浸深/cm	
	电动机转入功率/kW	
投药	CoCl₂ 投加量/g	
	Na₂SO₃ 投加量/g	

室温_____℃	水温_____℃		
饱和溶解氧/（mg·L⁻¹）	理论值		
	实测值		
水槽水中溶解氧变化	充氧过程/min	1	
		2	
		3	
		4	
		5	
		6	
		7	
		8	
		9	
		10	
		11	
		12	
K_{La}/min⁻¹			
充氧量/（kg·h⁻¹）			
动力效率/[kg·(kW·h)⁻¹]			
备注			

（5）实验结束，停机，放水。

注意：为保持曝气叶轮转速在实验期间恒定不变，电动机要接在稳压电源上。

五、实验记录

将实验原始数据记入表 6-9 中。

六、实验结果整理

（1）对曝气设备的充氧实验分别以时间 t 为横坐标、在水中溶解氧浓度为纵坐标绘制充氧曲线，任取两点计算 K_{La}。

（2）对曝气设备的充氧实验分别作出 $\log \dfrac{C_s - C_0}{C_s - C} - t$ 曲线，由此确定 K_{La}，并与第（1）步的结果进行比较。

（3）计算曝气设备的充氧量和动力效率。

七、问题讨论

（1）清水充氧的原理及其影响因素是什么？

（2）测定氧总传质系数 K_{La} 有何意义？请根据这个实验设计一个求常数 α、β 的实验方案。

实验五　活性污泥动力学参数的测定

在生化反应动力学模型中，有一个基本的数学模型，就是反映活性污泥增长量与有机物去除量之间的数学关系模型，这个模型对活性污泥法的设计及运行管理有非常重要的作用，在活性污泥设计时，剩余污泥量的计算以这个模型为依据。这个模型牵涉到一些动力学参数，且有机物的去除率也与这些动力学参数有着非常密切的关系，所以，动力学参数的测定对了解活性污泥的生化反应过程、科学设计和运行管理等都具有非常重要的意义。

一、实验目的

（1）通过实验进一步加深对污水生物处理的机理及生化反应动力学的理解。

（2）了解活性污泥动力学参数测定的意义。

（3）掌握间歇式生化处理活性污泥反应动力学参数的求定方法。

二、实验原理

活性污泥反应动力学是以酶工程的米歇里斯 – 门坦（Michaelis-Menton）方程和生化工程中的莫诺特（Monod）方程为基础的。其主要包括底物降解动力学和微生物增殖动力学。其能通过数学式定量地或半定量地揭示活性污泥系统内有机物降解、污泥增长、耗氧等作用与各项设计参数及环境因素之间的关系，对工程设计与优化管理有着一定的指导意义，但是，活性污泥反应是多种基质和多种混合微生物参与的一系列类型不同、产物不同的生化反应的综合，因此，反应速率与过程均受到系统中多种环境因素的影响。在应用动力学方程时，应根据具体的条件，包括所处理的废水成分、温度等实验确定动力学参数。

在建立活性污泥法反应动力学模型时，有以下假设：

（1）除特别说明外，都认为反应器内物料是完全混合的，对于推流式曝气池系统，则是在此基础上加以修正；

（2）活性污泥系统的运行条件绝对稳定；

（3）二次沉淀池内无微生物活动，也无污泥累积并且水与固体分离良好；

（4）进水基质均为溶解性的，并且浓度不变，也不含微生物；

（5）系统中不含有毒物质和抑制物质。

活性污泥法动力学参数有 K_s、v_{max}（q_{max}）、Y、K_d。

（1）K_s、v_{max}（q_{max}）值的确定。

莫诺特模式

$$v = v_{max} \cdot \frac{S}{K_s + S} \tag{6-11}$$

式中　v——比底物利用速率；

　　　v_{max}——最大比底物利用速率，即单位微生物量利用底物的最大速率；

S——底物浓度；

K_s——饱和常数，即 $v = \dfrac{v_{max}}{2}$ 时的底物浓度，也称半速率常数。

有机基质的降解速率等于其被微生物的利用速率，见式（6-12）：

$$v = q = \left(\frac{\mathrm{d}S}{\mathrm{d}t}\right)_u / X \tag{6-12}$$

$$v = v_{max} \cdot \frac{S_e}{K_s + S_e} \tag{6-13}$$

由式（6-13）取倒数，得式（6-15）：

$$\frac{1}{v} = \frac{K_s}{v_{max}} \cdot \frac{1}{S_e} + \frac{1}{v_{max}} \tag{6-14}$$

式（6-14）中

$$v = q = \frac{(\mathrm{d}S/\mathrm{d}t)_u}{X}$$

所以

$$\frac{1}{v} = \frac{1}{q} = \frac{X}{(\mathrm{d}S/\mathrm{d}t)_u} = \frac{tX}{S_i - S_e} = \frac{VX}{Q(S_i - S_e)} \tag{6-15}$$

取不同的污水流量 Q 值，即可计算出 $\dfrac{1}{v} = \dfrac{1}{q}$ 值，绘制 $\dfrac{1}{v}$—$\dfrac{1}{S_e}$ 关系图，图中直线的斜率为 $\dfrac{K_s}{v_{max}}$ 值，截距为 $\dfrac{1}{v_{max}}$ 值，从而可确定 K_s 和 v_{max} 值。

（2）Y、K_d 值的确定。

由于 $\dfrac{\mathrm{d}X}{\mathrm{d}t} = Y\left(\dfrac{\mathrm{d}S}{\mathrm{d}t}\right)_u - K_d X$ 且 $\theta_c = \dfrac{(X)_T}{(\Delta X/\Delta t)_T} = \dfrac{X}{\mathrm{d}X/\mathrm{d}t}$

式中 Y——微生物产率系数；

K_d——自氧化系数。

经整理后可得

$$\frac{1}{\theta_c} = Y \cdot q - K_d \tag{6-16}$$

以及

$$q = \frac{(\mathrm{d}S/\mathrm{d}t)_u}{X} = \frac{S_i - S_e}{tX} = \frac{Q(S_i - S_e)}{VX} \tag{6-17}$$

取不同的细胞停留时间 θ_c 值，并由此可以得出不同的 S_e 值，代入式（6-17）中，可得出一系列有机去除负荷 q 值。绘制 q—$\dfrac{1}{\theta_c}$ 关系图，图中直线的斜率为 Y 值，截距为 K_d 值。

三、实验设备及试剂

实验装量由五个反应器及配水、投水系统、空压机等组成（图6-6）。

（1）生化反应器为五组有机玻璃柱，内径 $D = 190$ mm，高 $H = 600$ mm，池底装有十字形孔眼为 0.5 mm 的穿孔曝气器，池顶有 10 cm 保护高，有效容积为 14.2 L。

（2）配水与投配系统、钢板池或其他盛水容器均可。

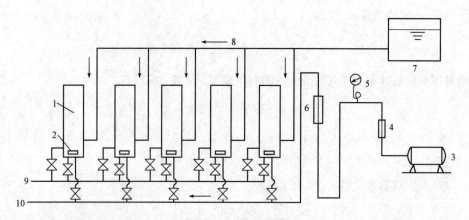

1—反应罐；2—布气头；3—空压机；4—过滤器；5—压力表；6—气体转子流量计；

7—投配水箱；8—配水管；9—排水与放空管；10—进气管。

图 6-6　间歇式生化反应动力学常数测定装置

(3) 空压机及过滤器。

(4) COD 测定仪、玻璃器皿。

(5) 马弗炉。

(6) 瓷坩埚。

(7) 葡萄糖。

(8) 三氯化铁。

(9) 硫酸铵。

(10) 磷酸二氢钾。

(11) 氯化钙。

(12) 硫酸镁。

四、实验步骤

(1) 按表 6-10 配制污水，以避免因进水水质波动对实验产生影响。

表 6-10　人工配置污水配方

药剂	投加浓度/（mg·L⁻¹）	药剂	投加浓度/（mg·L⁻¹）
葡萄糖	200~650	三氯化铁	0.8~2.5
硫酸铵	72~215	二水氯化钙	0.2~0.5
磷酸二氢钾	12.5~37.5	七水硫酸镁	0.2~0.5

(2) 采用接种培养法，培养驯化活性污泥，即由运行正常的城市污水处理厂中取回活性污泥，浓缩后投入反应器内，保持池内活性污泥浓度在 2.5 g/L 左右。

(3) 加入人工配制污水 Q。

（4）进行曝气充氧。

（5）曝气 20 h 左右，按污泥龄 7 d、6 d、5 d、4 d、3 d，用虹吸法排去池内混合液 Q_w 或 Q'_w。

（6）将反应器内剩余混合液静沉 1.0 h。

（7）去除上清液，重复步骤（3）～（6）继续实验，并取样测定原水 COD 值 S_i，以及各反应器中的上清液 COD 值 S_e 和污泥浓度 X，连续进行半个月左右，将有关数据记录于表 6-11。

表6-11　间歇式生化动力学参数求定实验记录及结果整理

Q /(L·d^{-1})	S_i /(mg·L^{-1})	S_e /(mg·L^{-1})	X (gVSS·L^{-1})	Q_w /(L·d^{-1})	Q'_w/(kg·d^{-1})	θ_c/d

五、实验结果整理

（1）整理原始数据，分别计算出 v（q）、θ_c 值。

（2）以 $\dfrac{1}{S_e}$ 为横坐标、$\dfrac{1}{v}$ 为纵坐标，通过作图法或一元线性回归法求出 v_{max}、K_s 值。

（3）以 q 为横坐标、$\dfrac{1}{\theta_c}$ 为纵坐标，通过作图法或一元线性回归法求出 Y、K_d 值。

六、注意事项

（1）反应器内混合液应保持完全混合状态。

（2）反应过程中排污量应通过所选的污泥龄来确定。

七、问题讨论

（1）活性污泥法动力学参数的测定在实际水处理工程中有何作用？

（2）动力学参数公式是否适用于推流式反应器？

实验六　升流式厌氧法处理高浓度有机废水

生化处理方法包括厌氧生物处理法和好氧生物处理法，厌氧生物处理法主要适用于高浓度有机废水的处理，在这些厌氧生物处理法中，升流式厌氧污泥床 UASB（Up-flow Anaerobic Sludge Blanket）是厌氧生物处理中典型的设备，它在构造上集厌氧生物反应处理与沉淀反应于一体，有机负荷较高，反应器容积和系统占地小，投资少。UASB 反应器首先由荷兰学者 Lettinga 等人于 20 世纪 70 年代初开发，国内于 1981 年开始研究，有很多单位先后进行了用 UASB 反应器处理多种有机废水的实验研究，目前，已建成并投产了一大批半生产线和生产线 UASB 反应器。它是一种广泛应用的升流式厌氧生物反应器，而且在此基础上发展了多种反应器，如内循环厌氧反应器 IC（Internal Circulation）、膨胀颗粒污泥床 EGSB（Expanded Granular Sludge Bed）反应器等。本实验属综合性、开放性、创新性实验，采用了类似 UASB，但又不同于它的升流式厌氧法处理高浓度有机废水。业内人士都知道，如果升流速度比较快，容易造成三相分离器的堵塞；如果升流速度比较慢，又难以形成颗粒污泥，处理效果不理想。因此，该升流式厌氧法，没有专设三相分离器，升流速度高达 5～10 m/h，较传统 UASB 的 0.5～1.5 m/h 高得多，易形成颗粒污泥，即使升流速度高达 10～12 m/h，出水中可能会夹带少量污泥，也是可控的。通过本实验，学生可加深对厌氧生物处理基本原理的了解。

一、实验目的

（1）加深对污水厌氧生物处理原理的理解。

（2）掌握升流式厌氧生物反应器处理废水的启动方法。

（3）掌握升流式厌氧生物反应器处理废水的操作方法，并学会解决实验过程中遇到的问题。

二、实验原理

厌氧生物处理过程又称厌氧消化，是在厌氧条件下由活性污泥中的多种微生物共同作用，使有机物分解并生成 CH_4 和 CO_2 的过程。这种过程广泛地存在于自然界，直至 1881 年法国报道了罗伊斯·莫拉斯（Louis Mouras）发明的"自动净化器"（Automatic Scavenger），人类才开始了利用厌氧生物处理过程处理废水的历史，至今已有 100 多年。

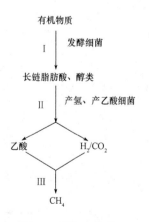

图 6-7　厌氧生物处理
过程的三阶段理论

1979 年布利安特（Bryant）等人提出了厌氧生物处理过程的三阶段理论，如图 6-7 所示。

三阶段理论认为，厌氧生物处理过程是按以下步骤进行的：

第一阶段，可称为水解、发酵阶段，复杂的有机物在微生物作用下进行水解和发酵。例如多糖先水解为单糖，再通过酵解途径进一步发酵成乙醇和脂肪酸，如丙酸、丁酸、乳酸等。蛋白质则先水解为氨基酸，再经脱氨基作用产生脂肪酸和氨。

第二阶段，称为产氢、产乙酸阶段，是由一类专门的细菌，称为产氢、产乙酸菌，将丙酸、丁酸等脂肪酸和乙醇等转化为乙酸、H_2 和 CO_2。

第三阶段，称为产甲烷阶段，由产甲烷细菌利用乙酸和 H_2、CO_2 产生 CH_4。研究表明，厌氧生物处理过程中约有 70% CH_4 产自乙酸的分解，其余少量产自 H_2 和 CO_2 的合成。至今，三阶段理论已被公认为是对厌氧生物处理过程较全面和较准确的描述。

影响厌氧生物处理的因素有温度、pH 值、氧化还原电位、营养食料微生物比、有毒物质等。

升流式厌氧生物反应器在运行过程中，污水从配水箱通过进水计量泵以一定流速从反应器底部进入反应器（水流在反应器中的上升流速为 5~10 m/h），水流依次经过颗粒污泥区、悬浮污泥区和澄清区。污水与颗粒污泥区和悬浮污泥区中的微生物充分混合接触并进行厌氧分解，大部分有机物在这里被转化为 CH_4 和 CO_2。由于升流式厌氧生物反应器高径比 H/D（=13）比传统的 UASB（$H/D<3$）及 EGSB（$H/D=3~5$）均要大得多，随着水流的上升流动，便进入澄清区，在重力的作用下，泥水发生分离，污泥自动重新回到污泥区。升流式厌氧法处理后的出水，自流入排水桶，所产生的沼气自然分离析出。

三、实验设备及材料

1. 升流式厌氧生物反应器一套

如图 6-8 所示，反应器主体由 $\phi80$ mm×1 050 mm 的透明有机玻璃制成，外层由电加热金属丝缠绕并适当保温。柱体上有进水阀、出水阀和三个取样口等，并设置精度为 ±1 ℃的温控仪、进水计量泵、防爆电机、配水箱及排水桶等。其他用品包括 COD 测定仪、BOD 培养箱、电热恒温鼓风干燥箱、分析天平、马弗炉、坩埚、漏斗、漏斗架、量筒、烧杯等。

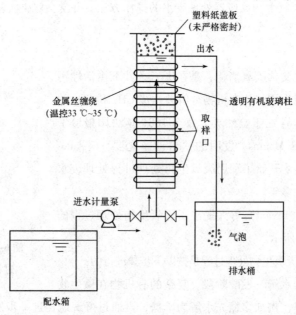

图 6-8 升流式厌氧法处理高浓度有机废水实验装置

2. 实验废水

人工配制污水的配方参见表6-12。

表6-12 人工配制污水的配方

药剂	投加浓度/（mg·L^{-1}）	药剂	投加浓度/（mg·L^{-1}）
葡萄糖	1 000~2 000	七水硫酸亚铁	3~6
硫酸铵	350~700	氧化钙	1.5~3
磷酸二氢钾	60~120	七水硫酸镁	1~2

四、实验内容及步骤

（1）设计升流式厌氧生物反应器处理高浓度有机废水的启动方案。包括提高有机负荷的方式、接种污泥的来源及浓度、污泥和水力停留时间、进水 pH 值等。一般取自城市污水处理厂成熟的消化污泥，接种污泥浓度约为 5 g/L。密闭消化反应系统，放置一天，以便兼性细菌消耗掉反应器内的氧气。反应器初次启动的操作要点参见表6-13。

表6-13 反应器初次启动的操作要点

1. 接种污泥
（1）泥中存在的一些可供细菌附着的载体物质微粒，对刺激和启动细胞聚集是有益的。
（2）污泥比产甲烷活性对启动影响不大。尽管浓度大于 60 gTSS/L 的稠消化污泥的产甲烷活性小于较稀的消化污泥，前者却更有利于升流式厌氧生物反应器的初次启动。
（3）部分颗粒污泥或破碎的颗粒污泥，也可加快颗粒化进程。
2. 启动过程的操作模式
启动中必须充分地洗出接种污泥中较轻的污泥，保留较重的污泥，以推动颗粒污泥在其中形成。推荐的要点包括以下几项：
（1）洗出的污泥不再返回反应器。
（2）当进水 COD 浓度大于 5 000 mg/L 时，采用出水循环或稀释进水。
（3）逐步增加有机负荷。有机负荷的增加应当在可降解 COD 被去除80%后再进行。
（4）保持乙酸浓度在 800~1 000 mg/L。
（5）启动时稠消化污泥的接种量为 10~15 kgVSS/m^3；浓度小于 40 kgTSS/m^3 的稀消化污泥的接种量可以略小。
3. 废水特征
（1）废水浓度：低浓度废水有利于污泥快速颗粒化，但浓度也应当足够维持良好的细菌生长条件，最小的 COD 浓度为 1 000 mg/L。
（2）污染物性质：过量的悬浮物阻碍污泥的颗粒化。
（3）废水成分：可溶性碳水化合物为主要基质的废水比以挥发性脂肪酸（VFA）为主要基质的废水颗粒化过程快；当废水中含有蛋白质时，应使其尽可能降解。
（4）高的离子浓度（加 Ca^{2+}、Mg^{2+}）能引起化学沉淀，从而形成灰分含量高的颗粒污泥。
4. 环境因素
（1）在中温范围，最佳温度范围为 38 ℃~40 ℃，高温范围为 50 ℃~60 ℃。
（2）反应器内的 pH 值应始终保持在 6.2 以上。
（3）N、P、S 等营养物质和微量元素（如 Fe、Ni、Co）应当满足微生物生长的需要。
（4）毒性化合物应低于抑制浓度或给予污泥足够的驯化时间。

（2）设计升流式厌氧生物反应器处理高浓度有机废水的运行方案。包括取样时间、进/出水 pH 值、COD 及氨氮等水质指标的测定、反应器中 SS、VSS 及 SVI 等污泥指标的测定，COD 去除率及其容积负荷的关系曲线绘制，最终使系统处于稳定运行状态。

（3）改变运行条件重复实验。改变系统上升流速等运行条件，重复第（2）步，考察污水处理效果。

五、实验记录及结果整理

（1）实验操作参数。

实验开始日期：　　　　　　　　　实验结束日期：

实验温度：　　　　　　　　　　　污泥龄：

水力停留时间（HRT）：

（2）MLSS 与 MLVSS 测定数据记录表见表 6-14。

表 6-14　MLSS 与 MLVSS 测定数据记录表

日期	反应器编号	θ_c/d	坩埚编号	坩埚质量/g	坩埚+滤纸质量/g	坩埚+滤纸+污泥质量/g	灼烧后质量/g	MLSS /（g·L^{-1}）	MLVSS /（g·L^{-1}）

（3）COD 浓度测定数据见表 6-15。

表 6-15 COD 浓度测定数据

日期	HRT/d	空白				进水 COD				出水 COD			
		后读数	初读数	差值	水样体积/mL	后读数	初读数	差值	水样体积/mL	后读数	初读数	差值	水样体积/mL

六、注意事项

（1）启动前应了解废水特征。废水特征对升流式厌氧生物反应器的操作有重要的影响，因此，必须明确了解废水的有机物浓度、pH 值缓冲能力（碱度）、维持细菌生长所必需的营养、悬浮物含量及废水中的有毒化合物等。在启动过程中，悬浮物浓度应控制在 2 g/L 以下。实验证明，用未经酸化的废水做进水，污泥颗粒化的速度要比以 VFA 做进水快。对于可生化性较差的废水，启动中加入易生化物质是有益的。出水 VFA 浓度与容积有机负荷率对污泥颗粒化具有影响。

（2）对启动初期的目标应明确。初期的目标是使反应器进入"工作"状态，也即菌种的活化过程，因而不能有较大的负荷，启动开始时污泥负荷应低于 0.1 ~ 0.2 kgCOD/（kgTSS·d）。

（3）当废水浓度低于 5 000 mgCOD/L 时，一般可直接进液；当废水浓度过高时，最好稀释到 5 000 mgCOD/L 以下。

（4）采用负荷逐步增加的操作方法，可通过增大或降低进液稀释比的方法进行。启动时乙酸浓度应控制在 1 000 mg/L 以下，若废水中原有的或在发酵过程中产生的各种挥发性有机酸浓度高，不应提高有机容积负荷率。只有当可降解的 COD 去除率达到 80% 左右时，才能逐渐增加有机物容积负荷率。

（5）二次启动的初始反应器负荷可以较高，进液浓度在开始时一般可与初次启动相当，但可以相对迅速地增大进液浓度，负荷与浓度增加的模式与初次启动类似，但相对容易。出水VFA等仍是重要的控制参数，COD去除率、pH值是重要的监测指标。

（6）实验场所不要堆积存放易燃易爆物品，严禁烟火，保持通风良好。必要的情况下，在排水桶处另行对甲烷气体进行收集处理。

七、问题讨论

（1）颗粒污泥与絮状污泥相比有何优点？

（2）好氧生物处理法与厌氧生物处理法各有什么特点？

第七章

水污染控制副产物（污泥）处理

实验　污泥比阻的测定

无论城市污水还是工业废水，经处理尤其是生化处理后，都存在污泥的处理处置问题，而生化法剩余污泥处理最重要的就是对污泥进行脱水，降低污泥的含水率。污泥比阻是衡量污泥脱水性能的一个非常重要的参数，实际脱水过程中常采用投加混凝剂的方法来降低污泥比阻以改善污泥的脱水性能，因此，很有必要让学生掌握污泥比阻的测定方法。

一、实验目的

（1）进一步加深理解污泥比阻的概念。

（2）通过测定污泥比阻评价污泥脱水性能。

（3）了解化学调理污泥对污泥比阻的影响。

二、实验原理

污泥比阻是衡量污泥过滤特性的综合性指标。其物理意义是：单位质量的污泥在一定压力下过滤时在单位过滤面积上的阻力，求此值的作用是比较不同的污泥（或同一种污泥加入不同量的混凝剂后）的过滤性能，污泥比阻越大，过滤性能越差。

由泊塞—达西（Poiseilles-Darcys）定律得出的过滤基本方程见式（7-1）。

$$\frac{\mathrm{d}V}{\mathrm{d}t} = \frac{PA^2}{\mu r C V + \mu R_{\mathrm{m}} A} \tag{7-1}$$

式中　V——滤出液体积（m^3）；

　　　t——过滤时间（s）；

　　　P——真空度（N/m^2）；

A——过滤面积（m^2）；

C——单位体积滤液所得干固体质量（kg/m^3）；

r——污泥比阻抗（m/kg）；

R_m——过滤介质的初始阻抗（m/m^2）；

μ——滤液黏度（$N \cdot s/m^2$）。

当忽略滤液固体浓度时，单位体积滤液所得干固体质量可由式（7-2）得出。

$$C = \frac{C_b \cdot C_0}{C_b - C_0} \quad （kg/m^3） \tag{7-2}$$

式中 C_0——原污泥固体浓度（kg/m^3）；

C_b——滤饼固体浓度（kg/m^3）。

注：$1\ Pa = 1\ N/m^2$，$1\ MPa = 1.0 \times 10^6\ Pa$。

在定压条件下过滤，当 $t=0$，$V=0$ 时，将式（7-1）积分，可得 $\frac{t}{V}$—V 的关系，见式（7-3）。

$$\frac{t}{V} = \frac{\mu r C V}{2PA^2} + \frac{\mu R_m}{PA} \tag{7-3}$$

式中，$\frac{\mu r C V}{A^2}$ 代表滤饼层产生的阻力；$\frac{\mu R_m}{A}$ 代表过滤介质产生的阻力。

采用布氏漏斗真空过滤实验所得数据绘制 $\frac{t}{V}$—V 关系曲线，可得一直线，由直线斜率 K 按式（7-4）可求得污泥比阻：

$$r = \frac{2KPA^2}{\mu C} \tag{7-4}$$

单位为 m/kg。$1\ kg$ 力等于 $9.81\ N$，将这个单位变换，见式（7-5）：

$$1\ m/kg = \frac{1\ m}{10^3\ g \times 9.81\ m/s^{-2}} = \frac{s^2/g}{9.81 \times 10^3} \tag{7-5}$$

因此，$1\ s^2 \cdot g^{-1} = 9.81 \times 10^3\ m \cdot kg^{-1}$。

在污泥过滤过程中，过滤速度将明显地受到污泥化学组成、颗粒形状、大小及液相成分的影响。所以，一般污泥在过滤前需要投加混凝剂以凝聚小的颗粒和减少细小颗粒的移动，细小颗粒的移动可以使过滤介质和泥饼紧实，致使滤率明显降低。所用混凝剂有 $FeCl_3$、石灰或高分子电解质，混凝剂的投加方式和最佳投量均可通过测定污泥比阻来确定，凝聚效果越好，污泥比阻就越小，一般混凝剂投量与污泥比阻之间具有图 7-1 所示的关系，由图可求得最佳投量。

三、实验装置及试剂

（1）实验装置，如图 7-2 所示。

（2）实验工具：游标卡尺、秒表、黏度计。

（3）混凝剂：$1\% FeCl_3$ 溶液或其他混凝剂。

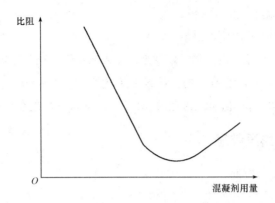

图 7-1　污泥比阻与混凝剂用量关系

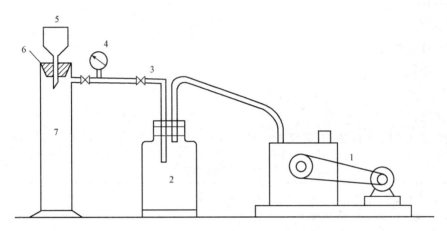

1—真空泵；2—吸滤瓶；3—真空调节阀；4—真空表；5—布氏漏斗；6—橡胶塞；7—计量筒。

图 7-2　污泥比阻实验装置

（4）实验用污泥：田埂上的黑泥类有机污泥、城镇污水处理厂的脱水污泥（调整含水率为 96% ~98%）或城镇污水处理厂的曝气池污泥。

四、实验步骤

（1）往烧杯中盛入已计量好的 80 ~ 100 mL 污泥。

（2）在布氏漏斗里放上滤纸并用水润湿，启动真空泵使滤纸贴紧漏斗底面，然后通过游标卡尺测定布氏漏斗的外周长和壁厚，计算过滤面积 A。

（3）关闭真空泵，将烧杯中的污泥注入漏斗中。

（4）启动真空泵，迅速调节并稳定真空度为 0.03 MPa 左右，为了快速而比较准确地调节真空度到实验真空度，可以分段调节。先关闭图 7-2 中的"7"和"4"之间的阀门，预调真空度稍大于量程上限的 30%，然后打开该阀门，可以快速地将真空度调节到实验真空度。每隔 1 min 记录量筒内相应的滤液体积，直到真空破坏。

（5）分别测量滤液温度、滤饼厚度。

（6）测定原污泥和滤饼的固体浓度。

（7）撤去漏斗里的滤饼滤纸后，装上新滤纸，注入调制好（80～100 mL 污泥中加入 4～5 mL 质量百分比浓度为 1% 的 $FeCl_3$ 溶液）的污泥重复上述实验。加入 $FeCl_3$ 溶液后，要迅速按预先实验好的剂量加入碱液调节 pH 值至原污泥的 pH 值，时间最好控制在 1 min 以内。

五、实验记录及结果整理

（1）按表 7-1 记录实验数据。

实验号 No.：

原污泥固体浓度：

过滤面积：

滤饼厚度：

滤饼固体浓度：

混凝剂投量：

真空度：

滤液温度：

滤液黏度（查附录 D 或采用黏度计实测）：

表 7-1　抽滤实验记录

时间 t/s	滤液量 V/m^3	$\dfrac{t}{V}/$（$s \cdot m^{-3}$）

（2）绘制 $\dfrac{t}{V}$—V 曲线，求出直线斜率。

（3）计算单位体积滤液所得干固体滤饼质量 C。

（4）计算污泥比阻。

（5）讨论混凝剂调理污泥对污泥比阻的影响。

六、问题讨论

在整个测定污泥比阻过程中，为什么要求真空压力保持稳定？

附　　录

附录 A　推荐的标准配制水

（补充件）

A1　试剂和材料

A1.1　二水氯化钙；

A1.2　硫酸镁（$MgSO_4 \cdot 7H_2O$）；

A1.3　碳酸氢钠；

A1.4　氯化钠；

A2　标准配制水的制备

称取 7.35 g 二水氯化钙（A1.1）、4.93 g 硫酸镁（A1.2）、6.58 g 氯化钠（A1.4）溶于约 7 L 水中，完全溶解后，混匀；另称取 1.68 g 碳酸氢钠（A1.3）溶于约 1 L 水中，完全溶解后，混匀，转移到上述溶液中，用水稀释到 10.0 L，混匀。

附录 B　腐蚀率的换算系数

（参考件）

换算系数 给定单位 \ 换算单位	毫米/年 (mm/a)	克/米²·时 [g/ (m²·h)]	毫克/分米²·天 [mg/ (dm²·d)]
毫米/年（mm·a）	1	$0.114 \times D$	$27.4 \times D$
克/米²·时 [g· (m²·h)]	$8.76/D$	1	240
毫克/分米²·天 [mg· (dm²·d)]	$3.65 \times 10^{-2}/D$	4.16×10^{-3}	1
注：D 为试片的密度（g/cm^3）。			

附录 C 不同温度下水中饱和溶解氧值

温度/℃	溶解氧/（mg·L⁻¹）	温度/℃	溶解氧/（mg·L⁻¹）
0	14.64	18	9.46
1	14.22	19	9.27
2	13.82	20	9.08
3	13.44	21	8.9
4	13.09	22	8.73
5	12.74	23	8.57
6	12.42	24	8.41
7	12.11	25	8.25
8	11.81	26	8.11
9	11.53	27	7.96
10	11.26	28	7.82
11	11.01	29	7.69
12	10.77	30	7.56
13	10.53	31	7.43
14	10.3	32	7.3
15	10.08	33	7.18
16	9.86	34	7.07
17	9.66	35	6.95

附录 D 不同温度下水的黏度值（×10⁻³ Pa·s）

温度/℃	0	1	2	3	4	5	6	7	8	9
0	1.787	1.728	1.671	1.618	1.567	1.519	1.472	1.428	1.386	1.346
10	1.307	1.271	1.235	1.202	1.169	1.139	1.109	1.081	1.053	1.027
20	1.002	0.977 9	0.954 8	0.932 5	0.911 1	0.890 4	0.870 5	0.851 3	0.832 7	0.814 8
30	0.797 5	0.780 8	0.764 7	0.749 1	0.734 0	0.719 4	0.705 2	0.691 5	0.678 3	0.665 4
40	0.652 9	0.640 8	0.629 1	0.617 8	0.606 7	0.596 0	0.585 6	0.575 5	0.565 6	0.556 1

附录 E　筛网目数与粒径对照表

目数	粒径/μm	目数	粒径/μm
20	830	150	106
24	700	160	96
28	600	170	90
30	550	180	80
32	500	200	75
35	425	230	62
40	380	240	61
42	355	250	58
45	325	270	53
48	300	300	48
50	270	325	45
60	250	400	38
65	230	500	30
70	212	600	23
80	180	800	18
90	160	1 000	13
100	150	1 340	10
115	125	2 000	6.5
120	120	2 500	5.0
125	115	5 000	2.6
130	113	10 000	1.3
140	109	超细滑石粉	0.98

参考文献

[1] 陈泽堂. 水污染控制工程实验 [M]. 北京: 化学工业出版社, 2003.

[2] 成官义. 水污染控制工程实验教学指导书 [M]. 北京: 化学工业出版社, 2013.

[3] 李秀芬. 水污染控制工程实践 [M]. 北京: 中国轻工业出版社, 2012.

[4] 王云海, 杨树成, 梁继东, 等. 水污染控制工程实验 [M]. 西安: 西安交通大学出版社, 2013.

[5] 李宝, 邱继彩. 水处理实验技术实验指导书 [M]. 济南: 山东人民出版社, 2016.

[6] 彭党聪. 水污染控制工程实践教程 [M]. 2版. 北京: 化学工业出版社, 2011.

[7] 吴俊奇, 李燕城, 马龙友. 水处理实验设计与技术 [M]. 4版. 北京: 中国建筑工业出版社, 2015.

[8] 苏金钰, 杨润昌. 水污染控制工程实验 [M]. 北京: 中国科学文化出版社, 2007.

[9] 叶林顺. 水污染控制工程 [M]. 广州: 暨南大学出版社, 2018.

[10] 高廷耀, 顾国维, 周琪. 水污染控制工程 (下册) [M]. 4版. 北京: 高等教育出版社, 2015.

[11] 彭党聪. 水污染控制工程 [M]. 3版. 北京: 冶金工业出版社, 2010.

[12] 张自杰. 排水工程 (下册) [M]. 5版. 北京: 中国建筑工业出版社, 2015.

[13] 李梦龙. 化学数据速查手册 [M]. 北京: 化学工业出版社, 2003.

[14] 唐安平. 电化学实验 [M]. 北京: 中国矿业大学出版社, 2018.

[15] 朱永法, 姚文清, 宗瑞隆. 光催化: 环境净化与绿色能源应用探索 [M]. 北京: 化学工业出版社, 2015.

[16] 周剑平. Origin 实用教程 (7.5版) [M]. 西安: 西安交通大学出版社, 2007.

[17] 张建伟. Origin 9.0 科技绘图与数据分析超级学习手册 [M]. 北京: 人民邮电出版社, 2014.

[18] 姚虎卿. 化工辞典 [M]. 5版. 北京: 化学工业出版社, 2014.

[19] 中华人民共和国国家质量监督检验检疫总局, 中国国家标准化管理委员会. GB/T 18175—2014 水处理剂缓蚀性能的测定 旋转挂片法 [S]. 北京: 中国标准出版社, 2014.

[20] 何铁林. 水处理化学品手册 [M]. 北京: 化学工业出版社, 2000.